PERTENCENDO AO UNIVERSO

Explorações nas fronteiras da ciência e da espiritualidade

FRITJOF CAPRA
DAVID STEINDL-RAST
com
Thomas Matus

PERTENCENDO AO UNIVERSO

Explorações nas fronteiras da ciência e da espiritualidade

Tradução
MARIA DE LOURDES EICHENBERGER
NEWTON ROBERVAL EICHEMBERG

EDITORA CULTRIX
São Paulo

Título do original:
Belonging to the Universe
Explorations on the Frontiers of Science and Spirituality

Edição	Ano
3-4-5-6-7-8-9-10-11	99-00-01-02-03-04

Direitos de tradução para o Brasil
adquiridos com exclusividade pela
EDITORA CULTRIX LTDA.
Rua Dr. Mário Vicente, 374 – 04270-000 – São Paulo, SP
Tel: 272-1399 – Fax: 272-4770
E-mail: pensamento@snet.com.br
http://www.pensamento-cultrix.com.br
que se reserva a propriedade literária desta tradução.

Impresso em nossas oficinas gráficas.

Sumário

Prefácio

"Quando chega o inverno na maior parte das áreas do mundo setentrional, a primavera já está avançando em Big Sur. Aqui, a primavera chega subitamente com as primeiras chuvas fortes de dezembro, ou até mesmo em fins de novembro. O 'inverno' em Big Sur é, na verdade, o advento de um verde glorioso e de uma primavera florescente." Estas palavras do escritor F. Schmoe também se aplicam ao clima mental de Big Sur. Aqui, a primavera da Califórnia agita-se sobre as raízes de um novo pensamento, que pode ainda estar adormecido no solo gelado de outros lugares.

O novo pensamento não é, necessariamente, um pensamento superior pelo fato de ser novo, nem é necessariamente pior do que o antigo. Merece que lhe seja dada atenção. Ele precisa de um fórum onde possa ser apresentado, discutido e avaliado. Big Sur tem um fórum dessa natureza: o Instituto Esalen. Há mais de duas décadas, idéias e métodos que foram pela primeira vez concebidos em Esalen produziram mais tarde grande impacto em outras partes do mundo. Essa exploração pioneira de métodos e de idéias, essa obstetrícia intelectual de Esalen traz à nossa mente os nomes de Aldous Huxley, de Abraham Maslow, de Fritz Perls, de Buckminster Fuller, de Stanislav e Christina Grof, de Alan Watts, de Gregory Bateson, de Charlotte Selver, de Joseph Campbell, de Michael e Dulcie Murphy – esta lista continua sem cessar, o mesmo acontecendo com as ondas culturais que aqui tiveram início, muitas vezes num impacto com muitos respingos.

As conversas registradas neste livro também tiveram lugar em Esalen. Num simpósio sobre "Questões Críticas a Respeito do Pensamento do Novo Paradigma", promovido pelo Elmwood Institute no final de 1985, Fritjof propôs uma lista de características para "o pensamento do novo paradigma" na ciência. Mais ou menos em tom de brincadeira, David e Thomas elaboraram um paralelismo semelhante para a teologia. Logo ficou óbvio que nosso engenhoso esqueminha tinha implicações de longo alcance. Explorando essas implicações durante vários anos, nos reuníamos em Esalen de quando em quando para discutir esses paralelismos, ponto por ponto. Este livro foi destilado dessas conversações. Suas páginas trazem a marca de Big Sur com sua incomparável beleza.

Deveria ser um livro ilustrado. No entanto, que ilustrações seriam capazes de captar a flutuação da luz nos eucaliptos, a coloração perpetuamente cambiante do céu e do mar? Que ilustrações expressariam a fragrância deste jardim que repousa em penhascos acima do mar, o som dos vagalhões trovejando nas profundezas lá embaixo? O odor quente e pesado do estrume, o som do vento nos ciprestes, o murmúrio do riacho sob a ponte de madeira estavam tão intimamente entrelaçados com o estado de ânimo que envolvia nossos diálogos que, sem se dar conta, os leitores poderiam cheirá-los, senti-los e ouvi-los. Os provadores de vinho, no final das contas, saboreiam o solo onde crescem as uvas.

Embora esse assentamento na natureza não seja explicitamente mencionado no nosso texto, foi um elemento essencial nas nossas conversas. O sentido de pertencer, que repousa no âmago da percepção espiritual, tornou-se o tema central desses encontros intelectuais; e tê-los realizado num cenário natural tão magnífico – incrustrados nos ciclos de luz e de trevas da natureza, de sol ardente e de suavizante neblina, de calma serena e de temporais assustadores – fez com que experimentássemos esse sentido de pertencer mais vividamente do que nossas discussões mais animadas. Nossa constante experiência compartilhada de um diálogo que teve lugar não só entre nós mesmos, mas também com a Terra, ajudou-nos repetidas vezes a ter acesso a compreensões intuitivas e a tácitos acordos onde as palavras tinham de ser deixadas para trás.

Alegra-nos pensar que a Terra, a nossa Grande Mãe, está presente em cada página deste livro, e esperamos que para os leitores sensíveis à presença dela, a mais óbvia falha do livro, a ausência de uma voz de mulher no diálogo, ficará menos difícil de suportar. Gaia, a Terra viva, é a fonte silenciosa de tudo o que dissemos nestas nossas conversas. Ela nos proporciona o contexto para o novo pensamento a respeito de Deus e da Natureza.

Big Sur, Califórnia, agosto de 1990 *Fritjof Capra*
David Steindl-Rast

Agradecimentos

Gostaríamos de expressar nossa gratidão

– a Steven Donovan, a Nancy Kaye Lunney e a Michael Murphy, pela sua generosa hospitalidade no Instituto Esalen, onde tiveram lugar os diálogos registrados neste livro;

– a Vanja Palmers, pelo seu estímulo e pelo seu apoio financeiro;

– a Lorilott Clark, a Nancy Graeff, a Robert Hale, a Joanna Macy, a Raimundo Panikkar, a John-David Robinson e a Margaret Van Kempen, pela leitura de partes do manuscrito, ou de sua totalidade, e pelos comentários valiosos que fizeram;

– a nossos editores John Loudon e Holly Elliott, pelo refinamento e pela sensibilidade com que editaram o texto; a Paula Hand, pela ajuda administrativa, e, por fim, mas em nada inferior em importância, a Wendy Ellen Ledger, por suas soberbas transcrições dos diálogos gravados em fita e pelo seu cuidadoso processamento de texto, realizado sobre incontáveis esboços do manuscrito.

Agradecimentos

Gostaríamos de expressar nossa gratidão

— a Steven Donovan, a Nancy Kaye Lunney e a Michael Murphy, pela sua generosa hospitalidade no Instituto Esalen, onde tiveram lugar os diálogos registrados neste livro;

— a Viola Palluccà, pelo seu estímulo e pelo seu apoio financeiro;

— a Linda Clark, a Nancy Grant, a Robert Hale, a Joanna Macy, a Raimundo Panikkar, a Joan David Robinson e a Margaret Van Kempen, pela leitura de partes do manuscrito, ou de sua totalidade, e pelos comentários valiosos que fizeram;

— a nossos editores John Loudon e Holly Elliott, pelo refinamento e pela sensibilidade com que editaram o texto; a Pamela Lund, pela ajuda administrativa; e, por fim, mas em nada inferior em importância, a Wendy Ellen Lauder por suas exatas transcrições dos diálogos gravados em fita e pelo seu cuidadoso processamento do texto, realizado sobre inúmeras versões do manuscrito.

Visão prévia

Pensamento do Novo Paradigma na Ciência por Fritjof Capra

Pensamento do Novo Paradigma na Teologia – paráfrase por Thomas Matus e David Steindl-Rast

O velho paradigma científico pode ser chamado de cartesiano, de newtoniano ou de baconiano, uma vez que suas principais características foram formuladas por Descartes, Newton e Bacon.

O velho paradigma teológico pode ser chamado de racionalista, de manualista ou de escolástico-positivo, uma vez que suas principais características foram formuladas em manuais de teologia baseados em textos da Escritura usados como prova de argumentos escolásticos.

O novo paradigma pode ser chamado de holístico, de ecológico ou de sistêmico, mas nenhum destes adjetivos o caracteriza completamente.

O paradigma pode ser chamado de holístico, de ecumênico ou de tomístico transcendental, mas nenhum desses adjetivos o caracteriza completamente.

O pensamento do novo paradigma na ciência inclui os seguintes cinco critérios – os dois primeiros referem-se à nossa visão da natureza, os outros três à nossa epistemologia.

O pensamento do novo paradigma na teologia inclui os seguintes cinco critérios – os dois primeiros referem-se à nossa visão da revelação divina; os outros três à nossa metodologia teológica.

1. Mudança da parte para o todo

1. Mudança de Deus como revelador da verdade para a realidade como auto-revelação de Deus

No velho paradigma, acreditava-se que em qualquer sistema complexo a dinâmica do todo poderia ser compreendida a partir das propriedades das partes.

No velho paradigma, acreditava-se que a soma total dos dogmas (todos, basicamente, de igual importância) acrescentava-se à verdade revelada.

No novo paradigma, a relação entre as partes e o todo é invertida. As propriedades das partes só podem ser entendidas a partir da dinâmica do todo. Em última análise, não há partes, em absoluto. Aquilo que chamamos de parte é meramente um padrão numa teia inseparável de relações.

No novo paradigma, a relação entre as partes e o todo é invertida. O significado de cada dogma só pode ser entendido a partir da dinâmica das revelações como um todo. Em última análise, a revelação como processo constitui-se num bloco único. Os dogmas focalizam momentos particulares da automanifestação de Deus na natureza, na história e na experiência humana.

2. Mudança de estrutura para processo

No velho paradigma, pensava-se que havia estruturas fundamentais, e também que havia forças, e mecanismos por cujo intermédio estas interagiam, dando, dessa forma, nascimento ao processo.

No novo paradigma, cada estrutura é vista como a manifestação de um processo subjacente. Toda a teia de relações é intrinsecamente dinâmica.

3. Mudança de ciência objetiva para "ciência epistêmica"

No velho paradigma científico, acreditava-se que as descrições eram objetivas, isto é, independentes do observador humano e do processo de conhecimento.

No novo paradigma, acredita-se que a epistemologia – a compreensão do processo de conhecimento – deve ser incluída explicitamente na descrição dos fenômenos naturais.

A esta altura, não há consenso a respeito do que seria uma epistemologia adequada, mas há um consenso emergente de que a epistemologia terá de ser parte integrante de cada teoria científica.

4. Mudança de construção para rede como metáfora do conhecimento

A metáfora do conhecimento como construção – leis fundamentais, princípios fundamentais, blocos de construção fundamentais, etc. – tem sido usada na ciência e na filosofia ocidentais por milênios.

2. Mudança de revelação como verdade atemporal para revelação como manifestação histórica

No velho paradigma, pensava-se que havia um conjunto estático de verdades sobrenaturais que Deus pretendia nos revelar, mas o processo histórico pelo qual Deus as revelou foi visto como contingente e, portanto, de pouca importância.

No novo paradigma, o processo dinâmico da história da salvação é, ele próprio, a grande verdade da automanifestação de Deus. A revelação, como tal, é intrinsecamente dinâmica.

3. Mudança de teologia como ciência objetiva para teologia como processo de conhecimento

No velho paradigma teológico, presumia-se que os enunciados eram objetivos, isto é, independentes da pessoa que crê e do processo de conhecimento.

No novo paradigma, sustenta-se que a reflexão sobre modos não-conceituais de conhecimento – intuitivos, afetivos, místicos – deve ser incluída explicitamente no discurso teológico.

A esta altura, não há consenso quanto à proporção em que os modos de conhecimento conceituais e não-conceituais contribuem para o discurso teológico, mas há um consenso emergente de que modos de conhecimento não-conceituais constituem parte integrante essencial da teologia.

4. Mudança de construção para rede como metáfora do conhecimento

A metáfora do conhecimento como construção – leis fundamentais, princípios fundamentais, blocos de construção fundamentais, etc. – tem sido usada em teologia por muitos séculos.

Durante as mudanças de paradigma, sentiu-se que os alicerces do conhecimento estavam se desagregando.

No novo paradigma, essa metáfora está sendo substituída pela metáfora da rede. Na medida em que percebemos a realidade como uma rede de relações, nossas descrições formam, igualmente, uma rede interconexa representando os fenômenos observados.

Nessa rede, não haverá hierarquias nem alicerces.

A mudança de construção para rede também implica o abandono da idéia de que a física é o ideal por cujo intermédio todas as outras ciências são modeladas e julgadas, e a principal fonte de metáforas para descrições científicas.

5. Mudança de descrições verdadeiras para descrições aproximadas

O paradigma cartesiano baseou-se na crença de que o conhecimento científico poderia alcançar a certeza absoluta e final.

No novo paradigma, se reconhece que todos os conceitos, todas as teorias e todas as descobertas são limitadas e aproximadas.

A ciência nunca poderá fornecer uma compreensão completa e definitiva da realidade.

Os cientistas não lidam com a verdade (no sentido de correspondência exata entre a descrição e os fenômenos descritos); eles lidam com descrições limitadas e aproximadas da realidade.

Durante as mudanças de paradigma, sentiu-se que os alicerces da doutrina estavam se desagregando.

No novo paradigma, essa metáfora está sendo substituída pela metáfora da rede. Na medida em que percebemos a realidade como uma rede de relações, nossos enunciados teológicos formam, igualmente, uma rede interconexa de diferentes perspectivas sobre a realidade transcendente.

Nessa rede, cada perspectiva poderá produzir introspecções válidas e únicas no âmbito da verdade.

A mudança de construção para rede também implica o abandono da idéia de um sistema monolítico de teologia como sendo aquilo que constitui a ligação para todos os que crêem e como fonte única para a doutrina autêntica.

5. Mudança de foco de enunciados teológicos para mistérios divinos

O paradigma manualista da teologia sugeria, pela sua própria forma, como *summa* ou compêndio, que o nosso conhecimento teológico era exaustivo.

O novo paradigma, pela sua maior ênfase no mistério, reconhece o caráter limitado e aproximado de todo enunciado teológico.

A teologia nunca poderá fornecer uma compreensão completa e definitiva dos mistérios divinos.

O teólogo, como todo aquele que crê, não encontra a verdade suprema no enunciado teológico, mas na realidade à qual esse enunciado dá uma certa expressão verdadeira, mas limitada.

I

Introdução

FRITJOF CAPRA: De início, gostaríamos de nos apresentar, e de dizer qual é a nossa motivação para este diálogo. Quanto a mim, fui educado como católico e depois me afastei do catolicismo por várias razões. Passei a me interessar muito pelas religiões orientais e descobri paralelismos surpreendentes entre as teorias da ciência moderna, particularmente as da física (que é o meu campo), e as idéias básicas do hinduísmo, do budismo e do taoísmo. Essa descoberta acompanhou, de mãos dadas, uma intensa transformação pessoal. Sempre fui uma pessoa espiritualista. Descendo de uma família espiritualista. Dessa forma, voltei-me para a espiritualidade oriental e, ao longo dos anos, pratiquei um caminho espiritual pessoal que, foi, efetivamente, influenciado pelas três tradições – o taoísmo, o budismo e o hinduísmo. Fui também influenciado, de maneira muito vigorosa, por aquilo que estamos chamando atualmente de ecologia profunda.

Até uma época recente, meu caminho pessoal, na realidade, não incluía em absoluto, o cristianismo, ou pelo menos não o incluía, por assim dizer, conscientemente. A mudança ocorreu pouco antes do nascimento da minha filha. Lembro-me de uma conversa que o Irmão David e eu tivemos. Você me disse que algum tempo antes realizara para alguém um batismo que era meio-católico, meio-budista.

DAVID STEINDL-RAST: Na verdade, foi *totalmente* católico e *totalmente* budista.

FRITJOF: Fiquei muito interessado pelo fato, e pensei que seria maravilhoso se fizéssemos o mesmo com o bebê que a minha esposa, Elizabeth, e eu estávamos esperando, e foi exatamente o que aconteceu. David, carinhosamente, fez os preparativos e tivemos uma belíssima cerimônia. Nessa ocasião, prometi a mim mesmo dar à minha filha uma educação espiritual, ou proporcionar a ela um ambiente espiritual, que *incluísse* a tradição cristã. Dessa forma, naturalmente, meu interesse pessoal pelo cristianismo foi reanimado, pois senti que teria de levar a cabo, com seriedade, esse compromisso. Agora, Juliette já tem dois anos e logo estará na idade de ouvir histórias. Quero contar a ela histórias do *Mahabharata* e outras histórias indianas, histórias budistas e algumas histórias chinesas. Mas, certamente, também quero lhe contar histórias cristãs e judias, bem como histórias ocidentais da nossa tradição espiritual, e igualmente histórias sufi. Se tivesse de lhe contar hoje a história do Natal, eu poderia fazê-lo de uma maneira muito simples. Mas suponhamos que ela fosse cinco anos mais velha. Penso que eu ficaria em apuros, percebe? Realmente eu não saberia formulá-la de uma maneira que se ajustasse às minhas concepções científicas e "orientais" sobre a realidade.

Outro aspecto do meu interesse em atualizar a minha tradição cristã ocidental é o fato de eu proferir muitas conferências na Alemanha, na Suíça e na Áustria. Ora, nesses países a posição da Igreja é muito diferente da que existe aqui, na Califórnia. Não creio que eu tenha dado uma única conferência ou seminário no qual alguém deixasse de perguntar: "Onde está Deus no seu sistema de mundo?" Isso acontece o tempo todo. Toda a visão de mundo que se tem por lá é muito mais teísta do que aqui, na Califórnia, pelo menos entre a multidão dos adeptos da ''New Age'' ou do ''novo paradigma''. E também parece ser este o caso da corrente dominante na América do Norte.

Mais recentemente, as Igrejas da Alemanha – tanto a Católica como a Protestante – têm se mostrado muito interessadas no movimento New Age, e muito assustadas com a nova espiritualidade que também está emergindo atualmente na Europa. Eles sentem que têm de lidar com esse fenômeno (como a corrente principal do cristianismo o faz também aqui), e agora recebo convites o tempo todo para participar dessas discussões. Falei em Munique, na Academia Católica da Bavária, que organizara uma conferência sobre ''o Movimento New Age e o Cristianismo''. E falei em Stuttgart para uma organização da Igreja Protestante sobre um tema semelhante. Essa é uma discussão que está ocorrendo atualmente com muito vigor na Alemanha – a nova espiritualidade e como ela se relaciona com o cristianismo.

São esses os interesses que me trazem a este diálogo, e eu realmente espero descobrir, revigorados, o significado e a visão do cristianismo e da tradição judeu-cristã nestas nossas conversas.

DAVID: Você mencionou aquele batismo ou iniciação budista-cristão, Fritjof. Para começar, valeria a pena dizer algumas palavras sobre isso. A cerimônia foi realizada em Green Gulch, na fazenda do Condado de Marin do Centro Zen de São Francisco. Ambos os pais eram padres budistas ordenados, mas, ao mesmo tempo, eram também cristãos praticantes. Você encontra isso cada vez mais em vários centros zen – pessoas que, de início, rejeitaram a fé cristã e ingressaram no zen, agora, talvez dez, quinze, vinte anos depois, redescobriram seu cristianismo num nível muito mais profundo graças à prática do zen. Hoje, elas até querem que seus filhos sejam introduzidos na tradição cristã. O batismo de uma criança é, simplesmente, o começo de uma iniciação na tradição. Uma vez que essas duas tradições são perfeitamente compatíveis, quando corretamente entendidas, é possível introduzir essa criança, ao mesmo tempo, em ambas as tradições. Todo o *sangha* lá reunido, e um grupo muito grande de pessoas que não eram membros, participaram da cerimônia com um sentido profundo de apreciação e com uma pronta compreensão.

FRITJOF: Penso que há também um outro fator. Tratando-se de uma criança, não é apenas devido a uma relação pessoal com essa fé que você quer introduzi-la no cristianismo. É também porque o cristianismo faz parte do ambiente dela. Assim como será difícil, mas necessário, introduzi-la no conhecimento da morte quando um animal morre ou quando o avô dela morre, ou introduzi-la no conhecimento da violência ou da torpeza, teremos de introduzi-la nessas coisas porque fazem parte do mundo. No seu lado positivo, as religiões fazem parte do mundo, e ela crescerá num ambiente cristão. Portanto, mesmo que eu não fosse atraído pelo cristianismo, ao introduzi-la nele, teria de fazê-lo com seriedade.

DAVID: E a iniciação é mais uma promessa que uma realização; trata-se apenas de uma abertura em direção a algo que virá. Realmente, escrevemos no pequeno folheto que tínhamos preparado para a cerimônia: ''Alguns cristãos, bem como alguns budistas que hoje participam desta cerimônia, podem não se sentir muito à vontade. Porém, devemos encará-la como uma promessa. Quando esta criança tiver crescido, estaremos muito mais perto do cumprimento dessa promessa. A geração a que esta criança pertence compreenderá quão mutuamente compatíveis são essas duas tradições."

Isso me leva ao segundo ponto sobre o qual falou. Hoje, você se sente à vontade contando histórias à sua filha. Mas quando ela ficar um pouco mais crescida, será cada vez mais difícil fazê-lo. Muitas pessoas pensam assim. A razão disso é que muitas dessas histórias tinham de nos ser apresentadas numa forma adequada para crianças. Porém, não fomos encorajados a recontá-las, numa fase posterior, sob uma forma adequada para adultos. Precisamos repensá-las. Existem adultos que em todos os outros níveis podem, de fato, ser adultos, mas em face de sua formação religiosa são realmente crianças. Isso pode se mostrar especialmente verdadeiro no caso de cientistas e de outros profissionais, mesmo que sejam judeus ou cristãos praticantes. Eles não são capazes de falar sobre sua religião em termos adultos. Você tem uma oportunidade maravilhosa de crescer com sua filha. Por exemplo, quando se está narrando contos de fadas a uma criança, eles têm para ela um significado diferente daquele que um adulto pode encontrar neles. Quando somos adolescentes, nós os descartamos, pensando que não passam de bobagens. Porém, quando amadurecemos, voltamos a eles e apreciamos seu significado profundo.

Quanto à minha própria experiência, em vista dessas discussões, dei conferências, muitas vezes, em várias partes da Europa onde se fala o alemão. Também fui freqüentemente interrogado: "Como a New Age se ajusta à fé cristã?" E também fui convidado para dar conferências dirigidas a cientistas e a representantes de religiões, nas quais tivemos de responder às mesmas perguntas. Daí o meu grande interesse em saber mais a respeito da ciência.

Comecei minha vida como artista. Foi o meu primeiro amor e o meu primeiro interesse na vida. Passei, então, a me interessar por arte primitiva e pela arte das crianças. Desse modo, fui me aproximando cada vez mais da psicologia e da antropologia, até que finalmente me doutorei em psicologia. Mas, naquela época, em Viena, tentávamos fazer da psicologia uma ciência exata, tão científica quanto possível. Não éramos psicólogos do tipo "divã", mas, decididamente, do tipo "ratos de laboratório". Tudo tinha de ser medido. Meu próprio interesse também era este. Por isso, tenho um gosto pela ciência e um grande interesse por um diálogo como este. Tornei-me monge somente depois de passar por um treinamento em arte e em psicologia. Quanto mais eu me empenho na "busca profissional da religião", se é que se pode chamá-la desse modo, mais reconheço a grande importância da arte e da ciência para a plenitude da vida humana. Daí a importância do diálogo, inclusive para mim, pessoalmente. Este é um outro paralelismo entre nós. Não é apenas pelo fato de termos de falar publicamente a respeito da ciência e da teologia que estamos interessados na relação entre ambas, mas porque se trata de uma preocupação pessoal comum a nós dois, Fritjof, ou melhor, comum a nós três. Tenho certeza disso.

THOMAS MATUS: As relações complexas entre a arte, a ciência e a religião são vitais para mim, David. No entanto, minha experiência é muito diferente da sua e da de Fritjof, pois não fui educado como católico; na verdade, não fui educado em nenhuma religião institucionalizada em particular. Meus pais tiveram, ambos, uma formação religiosa muito forte – meu pai era de uma família de imigrantes poloneses, e minha mãe, filha de um ministro batista. Mas por volta da época em que nasci eles tinham se afastado das formas institucionalizadas de religião. Por esse motivo, encorajaram meu interesse pela espiritualidade sem impor a mim qualquer prática religiosa determinada.

No meu período de crescimento, minha mãe lia obras da New Age e até mesmo um pouco de filosofia oriental. Quando descobri o hinduísmo e o budismo, no começo da adolescência, essas religiões se afiguraram, de imediato, verdadeiras para mim, embora também tivesse algum contato com o cristianismo, tendo lido a Bíblia e freqüentado ocasionalmente, aos domingos, a escola batista.

Fui introduzido nas religiões orientais, pela primeira vez, através da *The Autobiography of a Yogi* [Autobiografia de um Iogue],* de Paramahansa Yogananda. Nesse livro, Yogananda cita dois cientistas britânicos, Arthur Eddington e James Jeans, com relações ao novo paradigma científico, que já estava emergindo na década de 30. Isso provocou em mim um interesse simultâneo pela ioga e pela física teórica. Li alguns livros populares sobre a relatividade e a mecânica quântica, e embora entendesse muito pouco de matemática, pelo menos compreendi que a nova física era algo que podia ser relacionado com espiritualidade.

Num outro aspecto, minha experiência foi diferente da de David. Muito embora eu não fosse educado numa determinada igreja, por volta dos dezesseis anos estava convencido de que minha vocação, meu destino, era ser monge. Se deveria ser um monge hinduísta ou um monge cristão era algo que eu teria de decidir mais tarde.

Finalmente, acabei me juntando aos monges camaldulenses, aqui em Big Sur, e isso, naturalmente, exigiu que eu abraçasse o cristianismo tradicional. Durante meus anos de faculdade, convenci-me da verdade da fé católica e estava pronto a aceitar a Igreja como o meu guru. Mas eu ainda tinha algumas questões não-respondidas. Felizmente, um monge beneditino chinês, de um mosteiro perto de Los Angeles, aconselhou-me a não rejeitar o que aprendera de outras religiões. Isso remonta a 1960, antes do Concílio Vaticano II e da nova abertura que ocorreu na Igreja Católica. Tê-lo encontrado naquele momento de minha vida foi uma grande bênção. Ele me disse: "Você não estaria onde está se não tivesse passado pelo que passou e, portanto, não pode descartar tudo isso."

Quando ingressei no mosteiro, aqui em Big Sur, encontrei certa resistência a esse espírito ecumênico; enquanto noviço, fui proibido de estudar ioga ou religiões orientais. No entanto, mantinha-me na esperança de ter, eventualmente, a oportunidade de fazê-lo. E quando surgiu essa oportunidade, aproveitei-a.

* Há tradução em português: *Autobiografia de um Iogue*, Summus Editorial, São Paulo. (N. T.)

Assim, a despeito das diferentes experiências por que passamos, partilhamos de muitos interesses em comum.

Agora, deixe-me dizer uma palavra a respeito de como iniciamos este nosso diálogo. Quando vocês dois estavam trocando correspondência sobre os critérios de Fritjof a respeito do pensamento do novo paradigma na ciência, David perguntou-me se eu ajudaria a preparar um esquema paralelo de critérios para a teologia. Nós três ficamos alegremente surpresos ao constatar como estavam próximos entre si alguns dos paralelos, e isso nos deu a idéia de gravar nossos diálogos sobre o pensamento do novo paradigma. Dessa forma, agora estarei ouvindo e oferecendo observações ocasionais tiradas da história da teologia e da história das religiões.

II

Ciência e teologia

FRITJOF: Para começar, eu gostaria de que falássemos, de maneira geral, a respeito da relação entre a ciência e a teologia. A noção de mudança de paradigma vem da ciência, e ao aplicá-la à teologia, teremos de verificar se isso se justifica. Por isso, eu gostaria, justamente, de fazer algumas perguntas de ordem bastante geral. Basicamente, qual é o propósito da ciência, por um lado, e o da teologia, por outro? Quais os seus métodos? Em seguida, eu gostaria de dizer algo sobre o progresso na ciência, e isso nos levará a discutir a noção de paradigma.

1. Os objetivos da ciência e da teologia

FRITJOF: O objetivo da ciência é, creio eu, adquirir conhecimento sobre a realidade, sobre o mundo. A ciência é uma maneira particular de adquirir conhecimento, parecida com muitas outras maneiras. E um aspecto do novo pensamento na ciência é que esta não é a única maneira, e não é necessariamente a melhor, mas apenas uma dentre muitas maneiras.

O termo *ciência*, para mim, conhecimento sistemático do universo físico, é recente, como sabem. No passado, era chamada de filosofia natural. Portanto, a ciência e a filosofia não estavam separadas. De fato, a primeira formulação matemática, por Newton, de ciência no moderno sentido da palavra é ainda chamada de Princípios Matemáticos da Filosofia Natural.

Ciência e domínio da natureza

FRITJOF: Hoje, o propósito da ciência é quase sinônimo de dominação e de controle da natureza, e está muito estreitamente ligado à teologia. Há muitos cientistas, como, por exemplo, eu mesmo, que não estão interessados profissionalmente em aplicações, mas somente em ciência pura, em adquirir conhecimento a respeito do mundo. Mas até mesmo nessa ciência pura a idéia de controle tornou-se muito estreitamente associada à idéia de método científico, quase sinônima dela, e isso é muito desastroso.

Muitos de nós, no movimento do novo paradigma, acreditam que essa associação do homem dominando a natureza, que é uma atitude patriarcal, tem de estar divorciada da ciência. Gostaríamos de ver emergir, novamente, uma ciência na qual os cientistas cooperassem com a natureza e procurassem o conhecimento a fim de aprenderem a respeito dos fenômenos naturais e de serem capazes de "seguir a ordem natural e de fluir na corrente do Tao", como se expressam os sábios chineses. É assim que eu entendo a noção medieval tradicional de ir em busca da ciência "para a glória de Deus".

Isto, então, me leva a perguntar: "Qual é o propósito da teologia?" e "Como a teologia está relacionada com a religião, por um lado, e com a espiritualidade, por outro?"

Espiritualidade e religião

THOMAS: Posso formular isso na forma de um axioma. Você pode ter espiritualidade sem religião, mas não pode ter religião, religião autêntica, sem espiritualidade. Você pode ter religião sem teologia, mas não pode ter teologia autêntica sem religião e sem espiritualidade. Desse modo, a prioridade pertence, na minha opinião, à espiritualidade como *experiência*, um conhecimento direto do Espírito absoluto no aqui e agora, e como *praxis*, um conhecimento que transforma a maneira como eu vivo a minha vida neste mundo.

FRITJOF: Então, o que é a religião? Uma institucionalização dessa espiritualidade?

THOMAS: Institucionalização é uma das conseqüências, quando uma experiência espiritual original é transformada numa religião. Mas o mais importante é que a religião faz vir à tona a dimensão intelectual da espiritualidade, quando procura compreender e expressar a experiência original em palavras e em conceitos; e, a seguir, faz com que se manifeste a dimensão social, quando transforma a experiência num princípio de vida e de ação para a comunidade.

DAVID: Acho importante fazer a distinção entre "Religião", que poderíamos escrever com um R maiúsculo, e "uma religião". São duas coisas completamente diferentes. Raimundo Panikkar compara a Religião com a Linguagem. Os humanos têm uma Linguagem, mas ninguém pode falar a Linguagem; você tem de falar *uma* língua. Esta é uma idéia importante. Você não pode ter Religião exceto na forma de *uma* religião. Você não pode ter apenas Religião pura, assim como você não pode falar a Linguagem pura.

Religião, conforme uso esse termo, deveria ser escrita com um R maiúsculo para distingui-la das várias religiões. Religião é o sentido pleno de religiosidade da qual fluem todas as religiões, como de sua fonte. Traduzida para a vida do dia-a-dia, Religião torna-se espiritualidade; institucionalizada, torna-se *uma* religião. Em si mesma, é o encontro com o mistério, algo de que nos lembramos de nossas experiências de pico. Você também poderia dizer que o nosso instinto religioso como seres humanos é uma sede de significado. Numa experiência de pico, encontramos significado. Para esses momentos, tudo faz sentido – a vida, a morte, tudo. "É isso aí!" queremos gritar; é isso por que sempre estivemos ansiando vagamente. É como uma intuição – não uma idéia clara ou um conceito claro – uma intuição, graças à qual a nossa busca inquieta encontra repouso por um breve momento. É uma espécie dinâmica de repouso; não é estática nem complacente, de maneira nenhuma: é um senso de pertencer que nos impele para um novo anseio. Nesse dinamismo, vemos o âmago da Religião.

FRITJOF: Fale um pouco mais a respeito dessa experiência. Isso é espiritualidade?

DAVID: Bem, eu uso o termo *espiritualidade* de maneira diferente. Especificamente utilizada, seria a atuação dessa experiência, de Religião (com R maiúsculo), em cada aspecto da vida diária. A espiritualidade faz com que o significado flua na vida diária.

Se você teve essa experiência de pico, livrou-se dela, e continua a viver como antes, não houve nenhuma espiritualidade.

FRITJOF: Portanto, a espiritualidade é um modo de ser que flui a partir da experiência religiosa.

DAVID: Sim. A Espiritualidade faz com que a Religião flua no seu comer, no seu escrever, no seu ato de cortar as unhas.

FRITJOF: Quero lhe perguntar, então, sobre Religião, sobre essa idéia. No nível do dia-a-dia, posso ter uma experiência "na qual eu repouso", quando adquiro uma compreensão de alguma tecnologia, ou de alguma coisa, ou de assuntos cotidianos que não seriam religião. O que caracteriza esse "significado particular em cujo âmbito encontramos repouso"?

DAVID: Bem, todos nós carregamos conosco uma grande pergunta. Existe algo questionando dentro de nós. Na maior parte do tempo, ou talvez sempre, é uma pergunta não-expressa. Nossa própria vida é uma pergunta, um questionamento. E, de vez em quando, sem nenhuma razão em particular, de súbito, num estalo, sabemos a resposta. Mas a resposta não chega a ser soletrada. Dizemos apenas: "É isso aí!" Pode ser apenas o sorriso de uma criança num berço. Um pai olha para o bebê, e percebe: "É isso aí!" É essa espécie de coisa, ser capaz de "repousar nisso", ao contrário do nosso estado de inquietação com a qual, normalmente, vamos seguindo pela vida. Isso é algo que ressoa em você?

FRITJOF: Sim, mas o que eu quero apreender é alguma coisa mais em espiritualidade ou Religião que é muito importante para mim. É o sentido de ligação com o cosmos como um todo. Também está no sorriso do bebê. O sorriso desse bebê é o meu sorriso, pois sou o pai, mas o sorriso de *qualquer* bebê é também o meu sorriso. Mas o sorriso de um golfinho – se é que se pode chamá-lo de sorriso – é também o meu sorriso. É isso o que Gregory Bateson quis dizer quando ele o chamou de "o padrão que liga a orquídea à primavera (flor) e o golfinho à baleia e todos os quatro a mim". Portanto, esse sentido de ligação com o cosmos é, para mim, essencial à experiência religiosa.

THOMAS: Poderíamos usar a expressão *pertencer*?

DAVID: Sim, essa é a expressão que eu geralmente uso – pertencer.

THOMAS: *Pertencer* tem um duplo sentido. Quando digo: "isto pertence a mim", quero dizer que possuo alguma coisa. Mas quando digo: "eu pertenço", não quero dizer com isso que alguma coisa me possui, mas que eu faço parte de, e estou intimamente envolvido com uma realidade maior do que eu mesmo, seja um relacionamento de amor, uma comunidade, uma religião ou o universo. Portanto, "eu pertenço" significa: "eu encontro aqui o meu lugar", "é isso aí", e, ao mesmo tempo, "aqui estou".

DAVID: "Estou em casa." Talvez agora se possa lançar mão de uma outra imagem. Eu disse que estamos sempre com essa busca, com essa questão. Talvez se possa dizer que, com freqüência, nos sentimos órfãos; nos sentimos perdidos; nos sentimos vagueando à procura de algo. Então, chega um momento, inexplicavelmente, em que sentimos: "Agora eu estou em casa, este é o meu lar. E, eu faço parte de, eu não sou órfão. Pertenço a..." Isso muitas vezes é explícito, mas às vezes apenas implícito. "Pertenço a todos os outros seres humanos." Mesmo que não haja ninguém por perto, isso é sentido claramente. Pertenço a todos os animais, pertenço às plantas. E pertencer significa: estou em casa com eles, sou responsável por eles e para eles. Veja bem, pertenço a eles tanto quanto eles pertencem a mim. Nós todos nos pertencemos nesta grande unidade cósmica.

Então, a grande pergunta é: Como se vai daí até as religiões que vemos ao nosso redor? Ou mesmo até a religião particular de uma pessoa?

Aqui, pelo menos três passos são necessários: a teologia, a moral e o ritual. Em primeiro lugar, é o intelecto que dá um passo à frente. É aqui que entra a teologia. É aqui que se situa o nosso paralelismo mais estreito com a ciência. Quando temos uma experiência, em particular uma experiência que nos comove ou nos instiga profundamente e nos envolve existencialmente, devemos pensar sobre ela, refletir sobre ela, vir a conhecê-la melhor. A meu ver, é este o lugar da teologia. A teologia é o esforço para compreender o que a Religião implica. É o nosso jogo intelectual com a experiência religiosa do pertencer e o nosso trabalho com essa experiência.

Teologia

FRITJOF: Etimologicamente, a raiz da religião é a ligação. E a raiz da teologia está em *theos*, Deus. Mas, da maneira como você a apresenta, ela não requer o conceito de Deus.

DAVID: Não requer o *nome* "Deus". Tenho sempre muito cuidado para dizer "Deus" a não ser que eu saiba que as pessoas com as quais estou falando se sentem bem com isso, ou, pelo menos, não o compreendem de maneira muito equivocada. O termo *Deus* é tão facilmente mal-entendido que só deve ser usado com grande cautela.

THOMAS: Originalmente, o termo *teologia* era aplicado, não ao estudo sistemático de dogmas religiosos, mas à experiência mística. Há uma sentença famosa de um escritor monástico cristão que viveu por volta do ano 400, Evagrius Ponticus, que diz: "Se você ora verdadeiramente, você é um teólogo, e se você é um verdadeiro teólogo, você saberá como orar." Esta sentença, como um axioma, como um lema, dá a definição de teologia como penetração no mistério inominável.

DAVID: Posso voltar ao sentido do pertencer e do estar em casa? Se usarmos o termo *Deus* corretamente – com a palavra "corretamente" significando: no sentido em que as pessoas mais profundas e mais santas em todas as diferentes tradições do mundo o usariam e concordariam com o seu uso – se você o usa nesse sentido, entendemos por Deus o ponto de referência do nosso pertencer. A única realidade à qual, em última análise, pertencemos, e que, portanto, pertence mais intimamente a nós pode ser chamada de Deus.

FRITJOF: A palavra "teologia", então, aplicar-se-ia especificamente à teologia cristã?

DAVID: Penso que você poderia utilizá-la onde quer que houvesse uma religião teísta, uma religião que se refere à realidade suprema como sendo "Deus".

FRITJOF: De qualquer maneira, neste diálogo, nós a estamos utilizando no sentido cristão, suponho.

DAVID: Sim, estamos, mas eu não gostaria de limitá-la; poder-se-ia evocar introspecções vindas de outras tradições que as qualificariam como genuínas introspecções teológicas.

FRITJOF: Vamos planejar fazer isso nesta nossa conversa. Agora, David, para voltarmos à natureza da religião, você estava falando a respeito dos três passos – teologia, moral e ritual. Até agora, estivemos falando apenas sobre teologia.

Moral

DAVID: Sim; os outros dois não nos preocupam muito aqui, mas quando você tem uma religião, em oposição à Religião, você não tem somente teologia ou doutrina, que é a maneira intelectual de lidar com essa experiência. Você também tem a moral, os "faça" e os "não faça" que decorrem desse sentido de pertencer. Se você realmente tem essa vigorosa experiência interior de pertencer, então, implicitamente, você sabe que ela exige uma certa maneira de viver. A retidão moral consiste em comportar-se como as pessoas se comportam quando pertencem conjuntamente.

Neste nosso grande Lar Terrestre, o comportamento que se precisa ter é o de um membro desse lar; de outra maneira, algo estará errado. Há certas coisas que se faz a fim de lidar com os outros membros da família. Por essa razão, a moral está imediatamente relacionada com uma realidade cósmica. Nós a truncamos se falamos apenas a respeito do comportamento humano para com seres humanos.

FRITJOF: Portanto, o segundo passo é a moral?

DAVID: Sim. A doutrina acontece quando o intelecto lida com a experiência religiosa. Isso é teologia. Mas há mais coisas envolvidas em nossa resposta religiosa do que o nosso intelecto. O sentido de pertencer, tão característico de nossa experiência de pico, nos proporciona uma alegria sem limites. Aquilo que nos proporciona alegria faz com que o desejemos mais e mais. "Sim", dizemos a nós mesmos: "meus relacionamentos com todos os outros devem jorrar desse sentido de pertencer. Seria o paraíso na terra." E assim, a nossa vontade – a nossa boa vontade – é ativada a se mover em direção àquilo que, finalmente, se torna a ética ou a moral. Que mais é a moralidade senão a nossa boa vontade em nos comportarmos como alguém se comporta com relação àqueles com os quais ele está unido por um forte vínculo de pertencer?

Ritual

DAVID: O terceiro passo envolve nossos sentimentos. Não somente o intelecto e a vontade, mas também nossos sentimentos respondem à experiência do pertencer supremo, e é aí que você tem o ritual, a celebração dessa experiência. O ritual destina-se a celebrar repetidas vezes a experiência do nosso mais profundo pertencer.

FRITJOF: Dessa forma, o sentimento de gratidão, que é talvez um dos que surgem primeiro nesse pertencer, seria então expresso em ritual.

DAVID: Sim, isso mesmo. É com a gratidão que a espiritualidade começa, com um senso de gratidão por estar vivo, gratidão pela dádiva deste universo ao qual pertencemos. No dar e no receber da vida de todos os dias, cada ação pode se tornar uma grata celebração desse pertencer. O ritual, nesse sentido, é um aspecto essencial da espiritualidade: uma grata celebração da vida.

Ciência e teologia

FRITJOF: Concentremo-nos, portanto, na primeira parte, na parte intelectual. Com base no que você diz, ciência e teologia são, ambas, reflexões sobre a experiência. Na ciência, esta seria a experiência do mundo cotidiano considerada de uma maneira bastante sistemática. A propósito, quero falar principalmente sobre a ciência natural, não sobre as ciências sociais ou humanas.

Portanto, nas ciências naturais estamos interessados nos fenômenos naturais, e tentamos atingir níveis mais profundos da realidade; ao mesmo tempo, temos teorias mais amplas e mais abrangentes. De certa forma, a teologia, para mim, situa-se no cerne disso tudo e reflete sobre as mais profundas experiências que somos capazes de ter como seres humanos, e que também são, por isso, as mais *relevantes* para nós, do ponto de vista humano e pessoal. Desse modo, a ciência seria uma reflexão sobre as experiências externas. Utilizando a árvore como metáfora, a teologia lidaria com as raízes e a ciência com os ramos.

Agora, é óbvio que haverá uma sobreposição, pois aquilo que é um nível profundo de realidade e aquilo que é um nível exterior de realidade só podem ser debilmente definidos. Assim, haverá uma interface. Nessa interface, ciência e religião tradicionalmente entravam em choque, mas agora podem se inspirar mutuamente.

DAVID: Bem, tradicionalmente falando, elas nem sempre entraram em conflito. Houve períodos na história nos quais uma determinada religião realmente conduzia todo o empreendimento científico do seu tempo. O Islã na Idade Média é um caso em questão. O Islã era forte para impulsionar a ciência para frente. Ou então, pense apenas nos muitos cientistas que pertenceram a ordens religiosas. Na Idade Média, os monges foram, durante séculos, os guardiães de todo o conhecimento acadêmico; por isso, o conhecimento científico daquela época era também passado adiante pelos monges.

Mas vamos falar sobre o presente. Qual é, segundo você, o nosso terreno comum?

FRITJOF: Penso que a imagem de uma onda, que você gosta de usar, David, é bastante adequada. O teólogo e o cientista são como duas rolhas flutuando sobre a mesma onda. A onda seria a Consciência coletiva, a cultura, ou o *Zeitgeist*, algo assim. Essa consciência coletiva está passando por uma mudança de paradigma, um vagalhão, por assim dizer. Penso que é ele o terreno comum. Ele se manifesta na ciência e se manifesta na teologia.

As manifestações da mudança de paradigma podem ser resumidas nos cinco critérios que estabelecemos. São eles os paralelos que estivemos apontando.

DAVID: Nosso terreno comum é solo movediço.

FRITJOF: Eu também poderia dizer que a razão pela qual podemos comparar a ciência com a teologia é que ambas são trilhas em direção a um entendimento da realidade. São caminhos que apresentam grandes diferenças, mas que também têm grandes semelhanças.

DAVID: Como você as caracterizaria?

FRITJOF: As semelhanças estão no fato de que ambas se baseiam na experiência e num certo tipo de observação sistemática, sendo, portanto, empíricas. Naturalmente, há grandes diferenças nas maneiras como os cientistas e os teólogos observam. Mas as nossas disciplinas são, ambas, reflexões teóricas sobre a experiência.

DAVID: Isso ajuda. Agora, você certamente não está dizendo que a ciência e a teologia estão preocupadas com dois diferentes campos da realidade, mas com o mesmo domínio focalizado sob diferentes aspectos. Isso está correto?

FRITJOF: Antes de mais nada, eu diria que ambas dizem respeito à experiência humana.

DAVID: Portanto, esse já é um mesmo domínio.

FRITJOF: Sim, mas então eu diria que o teólogo e o cientista estão interessados por diferentes tipos de experiência humana que se sobrepõem. Ainda que não se sobrepusessem, uma comparação entre ambos seria possível e interessante.

DAVID: Mas você diz que se sobrepõem.

FRITJOF: Sim, elas o fazem, e portanto é ainda mais interessante.

DAVID: A ciência e a teologia poderiam ser consideradas como abordagens que interagem, abordagens da mesma realidade, a saber, da experiência humana. Da maneira como a sabedoria convencional as considera, a ciência pergunta pelo *como* e a teologia pergunta pelo *porquê*.

FRITJOF: É uma maneira interessante de formular a questão: a ciência pergunta pelo *como* e a teologia pelo *porquê*. Concordo com isso. Mas, então, o como e o porquê não podem estar sempre separados. A ciência pergunta pelo como; mais precisamente, ela pergunta como um determinado fenômeno está ligado a todos os outros fenômenos. Se você inclui mais e mais conexões, finalmente revelará o contexto inteiro, que é, na verdade, o porquê. O *porquê* está ligado com o significado, se você está definindo o significado como contexto.

DAVID: Nosso contexto é como e porquê. De maneira bastante concreta, um cientista que estuda como os fenômenos naturais funcionam, poderia, subitamente, sentir a pergunta surgindo em seu coração. Por que há fenômenos naturais? Por que, em última análise, alguma coisa existe? Isso o leva até o horizonte religioso. Um teólogo, por outro lado, que lida profissionalmente com esse horizonte do porquê, vive num mundo onde não pode sobreviver sem prestar muita atenção também a tudo o que tem que ver com a maneira como este mundo funciona.

FRITJOF: Eu diria que a atividade científica é motivada por um certo conjunto de valores. O que eu faço como cientista, ao optar por ingressar nesta ou naquela ciência, ou no âmbito de um campo científico, para realizar um tipo de pesquisa ou outro tipo de pesquisa, é claramente uma decisão que envolve valor. Faço aquilo de que mais gosto, aquilo que mais me interessa, que me dá mais dinheiro, que me dá mais *status*. Todas essas decisões baseiam-se num certo conjunto de valores. Esse conjunto de valores pode ou não ser espiritualmente fundamentado. Se o for, tratar-se-ia então de uma influência, não da própria teologia, mas certamente da espiritualidade, sobre a ciência. Atualmente, um cientista espiritualista – dotado de um sentido profundo de pertencer ao universo e de valorizar tudo que existe nele – não trabalharia, por exemplo, em pesquisas para a produção de armas.

DAVID: Esse é um bom exemplo da maneira como a espiritualidade de uma pessoa influencia, inevitavelmente, a posição dessa pessoa na vida, e daí, também sua posição como cientista. E uma vez que a espiritualidade de alguém é (pelo menos parcialmente) uma expressão da sua teologia – da sua reflexão sobre a experiência básica de Deus – eu diria que, nesse sentido pelo menos, a teologia exerce influência sobre a ciência.

FRITJOF: Nos velhos dias, naturalmente, a teologia também influenciava a ciência em termos das teorias. Considere, por exemplo, a idéia de Newton de que Deus, segundo suas palavras: "No princípio formou a matéria em partículas sólidas, massivas, duras, impenetráveis e móveis." Essa influência está, em grande medida, ausente nos dias de hoje, mas em alguns cientistas, penso eu, ela ainda está presente.

DAVID: Você diria que isso é compatível com o novo pensamento na ciência?

FRITJOF: O que eu estou dizendo é que uma teologia, ou, num sentido mais amplo, uma perspectiva religiosa sobre o mundo, influenciará, em alguns casos, as teorias científicas. Você se lembra de que dissemos que as teorias científicas descrevem toda essa interconexidade, e então você atinge um horizonte onde não pode mais descrevê-la. Mas você quer consistência entre suas crenças fundamentais no significado de tudo isso, entre essas perguntas fundamentais, que são perguntas religiosas. Você a quer para zombar da sua experiência religiosa, e eu conheço cientistas que querem isso. Eles querem ser apoiados no desenvolvimento de sua teoria particular pelas suas crenças religiosas ou pelas suas experiências religiosas. No século XVII isso era muito comum.

DAVID: Hoje, porém, isso não afetaria a nossa compreensão da ciência e de suas metas? Nós não a desencorajaríamos?

FRITJOF: Não sei. Depende do tipo de influência sobre a qual estamos falando. É uma pergunta muito difícil. Estou pensando nisso num sentido positivo. Por exemplo, conheço cientistas cuja prática budista está em perfeito acordo com suas teorias científicas.

DAVID: "Perfeito acordo", como você o chama, é provavelmente a meta que motiva nossos esforços para encontrar uma relação correta entre todas as áreas da nossa vida. A ciência e a teologia são apenas duas dessas áreas. Ansiamos por uma visão de mundo na qual todas as diferentes áreas concordem umas com as outras, perfeitamente, se possível. E desde que uma nova visão de mundo está emergindo na nossa época, tanto a ciência como a teologia terão de se expressar de novas maneiras.

2. Os métodos da ciência e da teologia

FRIJOF: Bem, vamos falar sobre os modos como a ciência e a teologia se expressam, sobre os métodos que são característicos da ciência e da teologia. Dissemos que ambas são reflexões intelectuais sobre a experiência e que, em ambos os casos, adquire-se conhecimento. O resultado é conhecimento sobre a realidade. Tanto na ciência como na teologia temos um corpo de conhecimentos sobre a realidade. Ora, o que distingue a ciência de outros caminhos que levam ao conhecimento é um certo método.

O método científico

FRITJOF: Suponho que há diferenças de opinião entre os cientistas quanto ao que constitui o método científico. No que me diz respeito, decidi-me por dois critérios. Um é a observação sistemática; o outro é a construção de um modelo científico para representar os resultados dessa observação. No passado, a observação sistemática significava, freqüentemente, um experimento controlado, e isso estava muito estreitamente ligado à noção de dominar a natureza, de controlar a natureza. Naturalmente, há ciências nas quais você não pode fazer isso, como, por exemplo, a astronomia. Você não pode controlar as estrelas, isso é óbvio. Mas você pode efetuar observações sistemáticas. E os resultados dessas observações sistemáticas, os dados, são então ligados de uma maneira coerente, de uma maneira livre de contradições internas. O resultado é uma representação desses dados em algo que chamamos de modelo. Ou, se ele é mais abrangente, nós o chamamos de teoria; mas não há, na verdade, nenhuma distinção clara entre um modelo e uma teoria na terminologia científica contemporânea.

Um modelo científico tem duas características muito importantes. Uma delas é a sua consistência interna: ela precisa ser internamente coerente, isenta de contradições. A outra é o fato de que ela é aproximada, e isso é muito importante do ponto de vista científico contemporâneo. Qualquer coisa que dissermos, em ciência, será uma descrição limitada e aproximada da realidade. Vocês poderão dizer, se o quiserem, que os cientistas não lidam com a verdade, se entenderem por verdade uma exata correspondência entre o que é observado e a descrição do fenômeno observado. Verdade, nesse sentido, não existe em ciência. Qualquer coisa que afirmamos é aproximada. Como diz Heisenberg em *Physics and Philosophy* [Física e Filosofia]: "Cada palavra ou cada conceito, por mais claro que possa parecer, tem somente uma faixa limitada de aplicabilidade."

Agora, posso devolver isso a vocês dois e perguntar como funciona em teologia. Qual é o método da teologia?

O método da teologia

THOMAS: Deixe-me refletir sobre esses dois pontos – observação sistemática e elaboração de modelos. Alguns teólogos contemporâneos adotaram, da metodologia científica, o aspecto do modelo. Um deles é Avery Dulles, um jesuíta norte-americano; outro é Bernard Lonergan. Eu, pessoalmente, inclino-me a conceber o método da teologia como sendo muito diferente do de ciência natural. Isto não significa que os dois métodos estejam em oposição ou em conflito; apenas, são muito diferentes. Um dos problemas na história da teologia tem sido a suposição de que esta é uma ciência no sentido que Aristóteles a definia: "O conhecimento das coisas por intermédio de suas causas." O *status* de "ciências" era algo que os escolásticos medievais, por exemplo, reivindicavam para o seu próprio sistema teológico. Teólogos contemporâneos geralmente evitam fazer essa reivindicação. A teologia é o *entendimento* da fé ou "a fé em busca do entendimento", *fides quaerens intellectum* – que é a definição clássica de teologia. E, enquanto compreensão de um mistério, a teologia não pode abranger o significado total do mistério. O entendimento teológico é, para utilizar uma expressão que os cientistas freqüentemente empregam, "aproximado", ou, como os teólogos preferem dizer, "análogo"; isto é, afirmamos a existência de certa semelhança entre Deus e tudo o que conhecemos por meio dos nossos sentidos e do nosso intelecto, embora também afirmemos a infinita alteridade de Deus. Deus é sempre "semelhante" e sempre infinitamente "diferente". Isto é algo que qualquer teólogo responsável tem de deixar claro: por mais perto que nossa teologia possa chegar do conhecimento do mistério supremo, jamais poderá *abranger* o mistério.

Fé

FRITJOF: Você agora passou para outra palavra, *fé*. Falamos sobre a experiência, sobre a reflexão sobre a experiência, sobre religião e sobre espiritualidade, mas ainda não falamos sobre fé. O que é fé?

THOMAS: É difícil definir a fé em apenas algumas palavras. Num sentido geral, a fé religiosa é um tipo de conhecimento e um tipo de experiência. A fé também inclui um elemento de surpresa; é uma experiência da realidade que é surpreendente, embora também soe verdadeira em face da nossa natureza. Na tradição bíblica e no cristianismo, enfatiza-se que a fé como conhecimento de Deus é uma dádiva de Deus. No entanto, a fé é mais do que mero assentimento intelectual a informações transmitidas à nossa mente a partir de fora, mesmo que elas venham de Deus. A fé inclui o autodesvelamento de Deus dentro de nós e a nossa resposta a Deus, que é consumada em amor.

FRITJOF: No ambiente em que cresci, e no ambiente em que, provavelmente, a maioria de nós cresceu, aprendia-se que a doutrina é expressa como uma série de dogmas, e que a fé consiste em acreditar que esses dogmas são absolutamente verdadeiros.

DAVID: Usa-se a palavra *fé* em muitos sentidos diferentes, mesmo dentro da teologia. Um deles pode significar doutrina, o "depósito da fé" rumo ao qual a crença religiosa é dirigida. Este não é, de modo algum, o aspecto básico ou o aspecto mais importante da fé, em absoluto. A fé também é usada como sinônimo de crença. Mas este também não é o aspecto básico.

FRITJOF: Então qual é o significado mais profundo, o verdadeiro?

DAVID: Eu diria que a fé é uma questão de confiança. Confiança corajosa naquele supremo pertencer que você vivencia em seus momentos religiosos, em seus momentos de pico. A fé consiste nessa postura interior por cujo intermédio você se entrega aos cuidados desse pertencer. O elemento da confiança é fundamental. A fé é confiança corajosa em pertencer. Em nossos grandes momentos, vivenciamos esse pertencer. Mas parece bom demais para ser verdadeiro, e, por isso, não podemos nos confiar plenamente a ele. Porém, quando nos confiamos à vida, ao mundo, então a nossa atitude é fé no seu sentido mais profundo. É uma postura interior do tipo daquele a que nos referimos quando falamos em "ter fé em alguém" ou "agir de boa fé".

FRITJOF: Um fato muito interessante é que isso também acontece na ciência. Você sabe que cada salto inovador, cada descoberta, é um salto intuitivo. Há, porém, alguns cientistas que são mais intuitivos do que outros. E os cientistas mais altamente intuitivos possuem esse tipo de fé. É muito típico deles o fato de que, de certa forma, percebem nos próprios ossos que isso os levará a algum lugar, e podem confiar nessa intuição. Heisenberg, por exemplo, disse que, no começo da década de 20, as pessoas penetraram lentamente "no espírito" da mecânica quântica, antes que fossem capazes de formulá-la, e isso era uma coisa altamente intuitiva. Pessoas como Niels Bohr, por exemplo, ou Geoffrey Chew ou, ainda, Richard Feynman na física – conheço vários deles – sentem que é exatamente esse o caminho a seguir, que eles chegarão a algum lugar. Eles têm um estalo, mas ainda não podem falar a respeito dele, não podem formulá-lo. Portanto, há também na ciência algo semelhante à fé.

DAVID: A diferença talvez esteja no fato de que essa "fé", pelo menos da maneira como você a descreveu, é uma intuição, em grande medida, intelectual.

FRITJOF: Bem, se você chama a intuição de intelectual.

DAVID: Ela tem que ver com o conhecimento, com esse tipo de confiança. Você tem uma intuição, um palpite. Enquanto que a confiança da fé, no sentido religioso, é uma confiança existencial. Você não pode confiar toda a sua vida a isso.

FRITJOF: Veja bem, as duas estão relacionadas uma com a outra. Na ciência, há também uma sombra desse aspecto existencial, pois, para um cientista, uma teoria à qual você dedica a sua vida, a sua carreira científica, tem uma qualidade existencial. Essa fé tem uma qualidade existencial, não no sentido amplo, mas é mais do que intelectual.

DAVID: Talvez eu não devesse ter dito "intelectual". O que eu quis dizer é que a "noética", a "fé" do cientista, tem que ver com o conhecimento intuitivo, mas ainda se move no nível do conhecimento, e não, por exemplo, no nível da moral, em absoluto. Mas a fé religiosa também abrange a moral, bem como esse ritual da vida cotidiana a que chamamos de espiritualidade.

FRITJOF: Mas há cientistas, e eu me coloco entre eles, que querem fazer essa conexão agora, religando-se à moral.

DAVID: Temos aqui uma questão muito interessante. Eu estava esperando que chegássemos a isso. Você está falando agora como um cientista ou como um ser humano que por acaso se tornou um cientista? Penso que quando fala a respeito dessa ligação mais ampla que acaba de mencionar, você está, na realidade, falando sobre si mesmo como um ser humano que por acaso se tornou um cientista. E isso põe a questão em perspectiva. A fé religiosa se dirige ao ser humano como um todo, enquanto ser humano, no contexto de outros seres humanos e de todo o cosmos. A fé científica é uma certa intuição de que você está na pista certa para resolver alguma questão sobre o mundo físico, mas essa fé não tem nenhuma conexão intrínseca com o significado último ou com a moralidade. Alguém que trabalhe no desenvolvimento de armas químicas pode ter uma notável fé científica, no sentido de possuir um grande senso intuitivo de como proceder.

FRITJOF: Concordo. Agora, padre Thomas, quando você afirmou que a teologia é a compreensão da fé, o que exatamente quis dizer com isso?

THOMAS: Dizer que a teologia é a compreensão da fé significa que ela não é a mesma coisa que a fé. Significa dar um sentido concreto àquilo que intuitivamente aprendemos na fé e aplicar esse sentido à totalidade da nossa vida. A teologia é algo que vem depois da fé, que está a serviço da fé e é um meio de aumentar a fé. A fé é algo que tem graus. Há uma expansão qualitativa do desenvolvimento da fé naquele que crê e na comunidade da fé. A teologia serve para fazer a fé crescer enquanto realidade social, enquanto experiência social.

FRITJOF: Mas leva também a um corpo de conhecimento. É isso o que ela tem em comum com a ciência.

Modelos teológicos

DAVID: Podemos começar a desenvolver o paralelismo a partir desse ponto. Eu começaria com a construção de modelos. Penso que seria justificável dizer que a teologia é um esforço humano para construir modelos que provêm de nosso conhecimento e da exploração da experiência religiosa no seu sentido mais amplo. Definitivamente, os modelos teológicos também devem ser internamente compatíveis. Algumas vezes não o são, e isso requer desenvolvimento e novos modelos. Ou descobrimos que, embora fossem compatíveis no passado, agora deixaram de sê-lo. Isso leva a uma mudança de paradigma, exatamente como na ciência.

Portanto, os modelos teológicos também são apenas aproximados. Às vezes, isso é difícil de ser aceito por pessoas que investem tanto esforço na teologia, e por líderes da igreja para os quais fidelidade significa aderência a modelos particulares de fé. Você sabe como é difícil, na ciência, lembrar que os modelos são somente aproximados. Quando as pessoas são tão engajadas existencialmente como o são em teologia, elas tendem a identificar essas aproximações com a verdade toda.

FRITJOF: Penso que é muito importante reconhecer que a noção de aproximação é muito mais difícil de ser aceita em teologia devido ao engajamento existencial. O engajamento pessoal dos cientistas também pode ser bastante vigoroso, mas é uma coisa diferente de você estar engajado existencialmente, quando sua salvação depende disso.

DAVID: Salvação no sentido de compreender a sua ligação com o todo, de compreender o verdadeiro pertencer; isso é salvação. Salvação realmente significa compreender a sua conexão com o todo do universo, a sua experiência de estar em casa, de se sentir seguro, de realmente pertencer, em algum sentido supremo. Descobrir seu lugar no cosmos depende disso, e assim você tende a esquecer que isso é apenas aproximado.

Revelação

FRITJOF: Agora, o que é revelação? Seria aquilo a que David chama de nossos momentos mais refinados?

THOMAS: A revelação não tem uma definição teológica consistente. Até há pouco tempo, o paradigma teológico dominante enfatizava a revelação como Deus desvelando um certo corpo de conhecimentos a que não poderíamos ter acesso por iniciativa própria. Atualmente, enfatiza-se mais a revelação como uma história da salvação, como um processo histórico em andamento, no qual a natureza e o propósito de Deus são desvelados em interação com os que crêem em Deus. A revelação não pode ser entendida quando é quebrada em pedacinhos e em fragmentos. Tem de ser apreendida como um todo.

FRITJOF: Deixe-me reformular a questão. Você disse anteriormente que a ciência e a teologia eram, na realidade, muito diferentes, mas agora já estabelecemos muitas coisas em comum. Uma área na qual podem ser diferentes é a revelação. Na ciência, temos a observação sistemática e, a seguir, temos a construção de modelos. E na teologia, temos a revelação.

DAVID: Deixe-me tentar esse caminho. Falamos sobre esse sentido de pertencer. Todas as religiões do mundo admitiriam que esse é o nosso terreno básico comum. É o terreno da experiência. Desse modo, estabelecemos algo a que poderíamos chamar de Deus, se vocês querem usar esse termo como ponto de referência para o nosso pertencer supremo. Deus é aquele a quem, em última análise, pertencemos.

Expressa dessa maneira, essa introvisão pressupõe uma longa jornada de exploração para dentro de Deus. Já pressupõe o reconhecimento de que o ponto de referência do nosso pertencer deve ser pessoal. Se sou pessoal, então aquele a quem eu pertenço deve ser pessoal. Mas, naturalmente, Deus não deve estar restrito a qualquer das limitações que associamos ao fato de se ser uma pessoa. Uma dessas limitações, por exemplo, é esta: se eu sou eu, não posso, ao mesmo tempo, ser outro. Isso não se aplica a Deus. Em outras palavras, Deus deve ter toda a perfeição pelo fato de ser uma pessoa, sem nenhuma das limitações ligadas a esse fato.

Bem, a partir daí, há novamente uma longa jornada de exploração até chegarmos a perceber que Deus, livremente, permite-nos pertencer, dá-nos esse pertencer. Até essa altura, tratava-se de uma espécie de território que eu estava explorando, o território-Deus. Mas agora, de repente, eu sinto o Sim! Estou fazendo a exploração, mas não é apenas a minha exploração; é ao mesmo tempo Deus desvelando a Si mesmo. No processo da história religiosa, que se estende ao longo de milênios, esse é um marco fundamental. Todavia, cada um de nós pode reviver essa experiência. Estudar Deus é oração, não no sentido convencional, mas no sentido de que teologia é oração. À medida que exploramos devotamente o território-Deus, alcançamos, de súbito, um ponto no qual descobrimos que ele se dá a nós. Deus e todo o universo estão se dando continuamente a nós.

FRITJOF: Dessa maneira, a revelação está realmente vinculada à noção do Deus pessoal?

DAVID: Sim, não creio que o termo *revelação* possa fazer qualquer sentido, salvo nesse contexto.

THOMAS: O que eu acrescentaria a isso, para restringir um pouco o seu campo de estudo, é uma nota de rodapé sobre aquilo que especificamente na tradição bíblica é considerado revelação. Na Bíblia, revelação é uma intervenção de Deus na história humana, na situação humana. Revelação e salvação são inseparáveis. O Velho Testamento fala do Deus vivo que intervém na situação de um povo alienado, oprimido, e o liberta de sua escravidão. Em outras palavras, descobrimos que agora, finalmente, não somos alienados, no sentido de que conhecemos Deus. E conhecemos Deus sendo salvos.

DAVID: É um processo vivo, mas eu queria chamar a atenção sobre esse seu "intervir de Deus", porque freqüentemente usamos esse termo e nos esquecemos de que é uma maneira figurada de falar sobre a revelação. Deus não fica sentado lá, só intervindo ocasionalmente. Não é tanto uma intervenção por parte de Deus, mas uma descoberta, uma liberação, uma nova introvisão de nossa parte.

THOMAS: Sabemos quem é Deus porque temos a experiência de nos libertarmos da nossa alienação. Naturalmente, não precisamos usar o termo *intervir*.

FRITJOF: Isso me lembra a noção budista e hinduísta de recuperar a memória de quem realmente somos. Por exemplo, um *koan* zen diz: "Qual era o seu rosto antes que você fosse concebido?" E na tradição hinduísta você tem o mito de Deus criando o mundo e depois se esquecendo de quem ele é. E uma vez que somos essa criação, a liberação, o *moksha*, consiste em nos lembrarmos de que, efetivamente, somos Deus. *Tat tvam asi*. Penso que poderíamos chamar isso de revelação. Se eu me lembro da minha verdadeira natureza na meditação e redescubro a minha natureza divina, então algo me é revelado pelo meu eu mais profundo. Você concordaria com isso?

DAVID: Uma vez que Deus é o eu de nós mesmos, a verdade é sempre revelada pelo nosso eu mais profundo. Mas eu usaria de muita cautela para empregar o termo *revelação* de uma maneira tão ampla. Minha ênfase, quando falo sobre revelação, recai na auto-revelação de Deus. A imagem correta não é aquela em que você levanta um véu, mas sim a da noiva que levanta o véu para o seu noivo. É essa a imagem subjacente à revelação. Por isso, ela se aproxima mais da noção de verdade segundo Heidegger, que ele vincula à palavra grega para verdade.

THOMAS: Essa palavra é *aletheia*, que significa "desocultamento": a verdade deliberadamente se "desvela", se elucida. Isso é algo que todos nós experimentamos.

DAVID: O hinduísmo, por exemplo, inclui tradições teístas. Eu não hesitaria, nesse caso, em falar em revelação. Mas o que é muito mais importante para mim do que a revelação, nesta ou naquela tradição histórica, é o fato de que ela é parte da nossa própria experiência. A revelação não é apenas alguma informação objetiva que nos é dada vinda de fora. É uma descoberta pessoal de relacionamento, de pertencer íntima e essencialmente à fonte de todas as coisas.

FRITJOF: Bem, quando você definiu teologia como um entendimento da fé, seria um entendimento feito por meio da exploração intelectual *e*, suponho, por meio da revelação. Você diria que é assim?

THOMAS: Sem dúvida. Fé é esse tipo de total doação de si mesmo à revelação, ou a Deus, que se revela salvando-me e revelando a mim o meu verdadeiro eu. Penso que a seqüência é esta: primeiro a revelação, depois a fé como resposta e, finalmente, um momento de entendimento; o entendimento da fé é necessário tanto para reviver aquele momento, o encontro fundamental com a realidade, como para comunicá-lo aos outros.

FRITJOF: Desse modo, a revelação é realmente a base da sua fé.

THOMAS: A revelação é a base. A fé pode ser entendida como *resposta* à revelação, uma recepção de boas-vindas, um abraço.

FRITJOF: Então, a teologia é a exploração intelectual dessa resposta. Penso que você poderia dizer que aquilo sobre o que conversamos antes é a experiência do pertencer a partir do *nosso* ponto de vista. Mas se você pertence a alguém há também o ponto de vista desse alguém. E isso seria revelação.

DAVID: Essa é a palavra-chave. Há, nos salmos, uma palavra-chave que me parece um daqueles marcos fundamentais da descoberta: "Ó Deus, sois o meu Deus." Ó Deus, sois o *meu* Deus, *pertences* a mim!

FRITJOF: Portanto, o pertencer é uma rua de mão dupla.

DAVID: Uma rua de mão dupla! É essa a tremenda descoberta.

FRITJOF: E isso seria diferente da ciência.

DAVID: Sim, mas é, obviamente, alguma coisa na qual os cientistas podem entrar e que podem compreender enquanto seres humanos, mas não enquanto cientistas, pois a ciência não está *preocupada* com essa questão.

FRITJOF: Então, mais uma vez, temos aqui uma diferença muito importante com relação ao tipo de ciência que queremos superar. Desde a época de Francis Bacon, o objetivo da maioria dos cientistas tem sido o de dominar a natureza e o de tirar proveito dela. Bacon usava essas metáforas muito viciosas de olhar a natureza como uma mulher, e o que você faz, como cientista, é torturá-la para arrancar dela os seus segredos. Isto, obviamente, não é nenhuma revelação. É justamente o oposto. É, na verdade, violação. Ora, mesmo quando isso se dilui na vida diária do cientista, ainda há uma grande diferença entre a ciência e a teologia, pois a ciência é exploração ativa, não é ficar sentado orando ou meditando e deixar que a realidade se revele. Não obstante, toda a atitude da ciência tem sido o que Schumacher chamava de ciência da manipulação em vez de ciência da sabedoria. O que queremos recuperar agora é a ciência da sabedoria, e talvez a revelação venha a desempenhar um grande papel nesse processo.

DAVID: Pelo menos no sentido de Heidegger de que a realidade se doa, se desvela para nós, *deliberadamente*. E ficamos apavorados com essa doação. Ela está disponível a todos, a cada ser humano. É este o ponto principal: o mundo se dá a nós. Ele se dá livremente a nós; basta que o permitamos. Ele nos inunda de dádivas.

Disciplina científica/disciplina espiritual

DAVID: Quando Fritjof falou a respeito do método na ciência, abordou primeiramente a observação sistemática, que leva a seguir à construção de modelos. Com relação à construção de modelos, temos um paralelo perfeito em teologia – consistência interna e aproximação. Mas o que corresponderia à observação sistemática?

FRITJOF: Penso que seria a prece. Isso é perfeitamente claro. A prece é sistemática, e se você a pratica com seriedade, começa às quatro da manhã, como você faz na sua tradição.

DAVID: Sim, meditação e prece no seu sentido mais amplo, e, na verdade, toda a tradição da disciplina espiritual ou do ascetismo.

FRITJOF: Como você entende o ascetismo?

DAVID: Como práticas que ajudam a pessoa a se preparar para a experiência religiosa. Várias experiências de meditação, por exemplo. Ou o jejum, que está ganhando nova popularidade hoje em dia. Ou simplesmente o cultivo de um sentido de gratidão na própria vida, gratidão para com as cores e os sons, os odores e as texturas. Aqui, o objetivo é tornar a pessoa mais viva tornando os seus sentidos mais vivos.

FRITJOF: De certa maneira, isso de fato corresponde à observação sistemática na ciência, porque é também uma atividade sistemática. É uma prática. A raiz da palavra *ascético*, a palavra grega *askēsis*, significa praticar ginástica. Desse modo, o ascetismo é uma prática com o objetivo de levar a experiências religiosas.

DAVID: Bem, temos de ser cuidadosos com a expressão "levar a" experiências religiosas. O ascetismo, como tal, é uma coisa altamente recomendável para os teólogos, mas não faz parte da disciplina da teologia, a não ser no sentido de que há uma teologia *do* ascetismo, uma teologia ascética.

FRITJOF: Mesmo assim, o ascetismo faz parte da experiência religiosa.

DAVID: Ele não cria a experiência religiosa, mas o deixa aberto a ela. Ele prepara você para a experiência religiosa. A revelação de Deus, o irromper da realidade divina na nossa realidade cotidiana, é algo que prossegue continuamente. Tornando-nos mais perceptivos com relação a ela, nós a recebemos. Essas várias práticas que visam torná-lo perceptivo constituem o ascetismo.

FRITJOF: Se eu comparar isso com o meu trabalho como físico, eu diria: "Há fótons e neutrinos em nosso quarto durante o tempo todo. Porém, não podemos vê-los com os nossos olhos. Mas, se eu trouxer o meu aparelho e mais os meus dez anos de treinamento com o uso desse aparelho, e se eu compreendo os sinais, então posso observá-los."

DAVID: Isso me parece um paralelismo válido. Alguns ascetas enfatizam tanto o aspecto negativo de seus métodos que para muitas pessoas ascetismo passou a significar "abster-se disso", "abster-se daquilo", "reduzir a duração do sono", "jejuar", e assim por diante. Nossa tradição beneditina, em particular, enfatiza, mais do que muitas outras tradições, os aspectos positivos: aguçamento dos sentidos, gratidão, diligência e atenção.

FRITJOF: Na tradição budista, isso corresponde, a meu ver, ao Caminho Óctuplo: "visão correta", "fala correta", "modo de vida correto", e assim por diante. É uma disciplina budista, que também tem aspectos morais.

DAVID: O Caminho Óctuplo tem fortes conotações morais. Pelo que parece, o ascetismo é o lado de nossa vida moral voltado para a experiência mística, enquanto que o outro lado da vida moral está voltado para a interação social. Este último é o lado a que chamamos mais propriamente de moral; ao outro lado, chamaremos de ascetismo.

FRITJOF: Também estou pensando em Castañeda e na sua noção de caminho do guerreiro. Eu o compararia com o ascetismo. É uma certa atitude moral de não se apegar às coisas, de fazer as coisas tão bem quanto se puder e, depois, de não se preocupar com o resultado; viver no presente. Castañeda faz uso dessa poderosa metáfora da morte que está sempre do seu lado para falar a respeito da atenção.

DAVID: E é justamente a isso que se refere o ascetismo: estar no momento presente de maneira atenta e grata. Essa é minha preocupação-chave. Uma das razões pelas quais temos de efetuar cortes, reduções, nas coisas que fazemos é porque estamos atolados em coisas às quais não podemos prestar a devida atenção. Por exemplo, no jejum: estamos tão empanturrados de alimentos que de fato não conseguimos comer um pedaço de pão com sentimento de gratidão. Nós temos coisas demais. Desse modo, para nos tornarmos atentos, temos de jejuar e depois comer um pedaço de pão, e nele focalizar, de maneira efetiva, a nossa atenção.

FRITJOF: Isso é semelhante ao método experimental na ciência. Você não observa tudo na natureza. Você apanha uma planta e depois nem mesmo observa a planta inteira. Você observa somente uma folha. O perigo na ciência tem sido o reducionismo. Você observa partes cada vez menores e se esquece do todo.

DAVID: Você se esquece do motivo pelo qual está fazendo isso.

FRITJOF: Você se esquece do motivo pelo qual está fazendo isso, e também se esquece da função da parte dentro do todo. Então, tenta reconstruir o todo a partir das partes, mas isso não funciona. Por isso é que precisamos agora dessa mudança das partes para o todo.

DAVID: E há um paralelo para essa finalidade no ascetismo. Você começa estabelecendo limites a si mesmo até se tornar completamente vivo, e então, uma vez que limitar-se exige de você um certo esforço, você coloca muita ênfase na limitação, no negativo, no ato de cortar e descartar, que isso se torna um fim em si mesmo. Na ciência, assim como no ascetismo, há sempre o perigo de perder a floresta por causa das árvores.

THOMAS: Na prática espiritual em geral – e no ascetismo em particular – o objetivo é sempre a recuperação do todo. Hoje, creio eu, a realização desse objetivo requer grande discrição no uso de meios físicos tais como o jejum e a privação do sono. Precisamos recuperar, depois de treze séculos de dualismo platônico e de três séculos de dualismo cartesiano, uma compreensão profundamente holística de nós mesmos como um espírito corporificado no mundo, como parte desse mundo de corpos, e nos abrirmos para o Espírito Absoluto, ou Deus.

3. Paradigmas na ciência e na teologia

Paradigmas na ciência e na sociedade

FRITJOF: Falamos a respeito das finalidades e dos métodos da ciência e da teologia. Agora, eu gostaria de introduzir uma perspectiva histórica e falar sobre a maneira como as teorias científicas se desenvolvem e como o conhecimento é acumulado na ciência. Como sabem, até recentemente a crença era a de que há um acúmulo constante de conhecimento; e de que as teorias tornam-se, gradualmente, cada vez mais abrangentes e mais precisas.

Thomas Kuhn introduziu a idéia de paradigmas e de mudanças de paradigmas, que afirma a existência desses períodos de acumulação constante, que ele chama de ciência normal, mas a seguir há períodos de revoluções científicas, quando muda o paradigma. Um paradigma científico, de acordo com Kuhn, é uma constelação de realizações – entendendo por esse nome conceitos, valores, técnicas, e assim por diante – partilhados por uma comunidade científica e usados por essa comunidade para definir problemas e soluções legítimos.

Isso significa, portanto, que por trás de uma teoria científica há um certo arcabouço em cujo âmbito a ciência se desenvolve. E é importante notar que esse arcabouço não inclui apenas conceitos mas também valores e técnicas. Portanto, a atividade de fazer ciência é parte do paradigma. A atitude de dominação e de controle, por exemplo, é parte de um paradigma científico.

DAVID: Você diria que é parte do paradigma? Ou que é uma força que condiciona o paradigma?

FRITJOF: É parte do paradigma, pois é parte dos valores subjacentes às teorias científicas. Os valores são parte do paradigma. Desse modo, um paradigma, para Kuhn e para mim, é mais que uma visão de mundo, mais que um arcabouço conceitual, porque inclui valores e atividades. Para tornar isso mais claro, deixe-me mostrar a vocês como ampliei essa idéia seguindo Marilyn Ferguson e Willis Harman, bem como outras pessoas que, com freqüência, têm usado o vocábulo "paradigma" num sentido mais amplo. Tomando da definição kuhniana, ampliei-a até torná-la um paradigma social.

Para mim, um paradigma social é uma constelação de conceitos, de valores, de percepções e de práticas compartilhadas por uma comunidade, formando uma visão particular da realidade que constitui a base da maneira segundo a qual a comunidade organiza a si mesma. É necessário que um paradigma seja compartilhado por uma comunidade. Uma pessoa isolada pode ter uma visão de mundo, mas um paradigma é compartilhado por uma comunidade.

DAVID: E por que você fala apenas sobre a organização comunal e não sobre toda a vida da comunidade? Por que você trata apenas da organização? Por que não os valores?

FRITJOF: Não explorei a diferença entre paradigma e cultura. Você poderia dizer que a base de toda a vida é a cultura. Os dois estão intimamente relacionados, mas não me aprofundei nisso.

Ora, Kuhn naturalmente usa o termo num sentido mais restrito e, no âmbito da ciência, fala a respeito de diferentes paradigmas. Eu o utilizo num sentido muito amplo, um tipo de paradigma de grande envergadura subjacente à organização de uma certa sociedade ou à organização da ciência numa certa comunidade científica.

DAVID: Perguntei a respeito de valores porque pensei que você ainda estava falando sobre uma mudança de paradigma dentro de uma determinada ciência. Nela, os valores seriam, naturalmente, implícitos. Não seriam explícitos, em absoluto.

FRITJOF: A noção inteira do paradigma está implícita nos períodos de ciência normal, e é muito difícil delinear o paradigma e mostrar onde estão suas limitações, onde estão suas fronteiras. Somente nas épocas em que o paradigma muda é que você vê suas limitações, e, na verdade, ele muda *devido* a essas limitações. Kuhn escreveu extensamente a esse respeito. Quando há problemas, que ele chama de anomalias, que não podem mais ser resolvidos no âmbito do paradigma dominante, essas mudanças ocorrem. E, naturalmente, leva um certo tempo até que esses problemas forcem efetivamente as pessoas a mudar.

Na física, por exemplo, a mais recente mudança de paradigma começou na década de 20, quando vários problemas ligados à estrutura atômica não puderam ser resolvidos em termos da ciência newtoniana. E o que afirmo no meu livro *The Turning Point* [O Ponto de Mutação] é que estamos hoje, na sociedade, numa situação em que o paradigma social atingiu suas limitações. Essas limitações são a ameaça da guerra nuclear, a devastação do nosso meio ambiente natural e a persistência da pobreza em todo o mundo – todos eles problemas muito graves, que não podem mais ser resolvidos segundo o velho paradigma.

Kuhn, a propósito, fala de um período pré-paradigmático, no qual há concepções competindo. Uma delas tornar-se-á o paradigma dominante, compartilhado pela comunidade científica. Na sociedade, ou, digamos, na família humana, isso é diferente, pois temos diferentes paradigmas sociais coexistindo. O paradigma social islâmico é diferente do japonês ou do norte-americano. Assim, o mesmo grupo de fenômenos – como, por exemplo, a economia, a política e a vida social – serão compreendidos em termos de diferentes paradigmas coexistentes.

DAVID: Você pode explicar por que paradigmas diferentes podem coexistir num contexto social e não na ciência?

FRITJOF: *Poderia* haver diferentes paradigmas coexistindo também na ciência, e isso de fato aconteceu no passado, mas deixou de ocorrer desde a época da ascensão da ciência européia no século XVII. Onde quer que as pessoas façam ciência atualmente, no sentido moderno do termo, elas o fazem de acordo com o paradigma europeu, estejam elas no Japão, na China ou na África. Muitos cientistas dizem que passaram por uma lavagem cerebral para chegar a isso. Eles poderiam fazer ciência dentro de um outro paradigma, mas não o fazem. Há uma certa colonização de cientistas pela ciência européia e norte-americana. Agora é a América do Norte, mas as raízes, naturalmente, estão na ciência européia, enquanto que em assuntos sociais não é tão grande a predominância de um único paradigma. Diferentes culturas coexistem. Na ciência, não encontramos culturas diferentes coexistindo; há, basicamente, uma única cultura científica.

DAVID: O que você acaba de dizer é de fato muito importante, e no entanto passa freqüentemente despercebido o fato de que até mesmo na ciência seria possível haver para-

digmas diferentes próximos uns dos outros. É quase acidental que haja um único paradigma científico, devido ao colonialismo da ciência ocidental. Não é necessário que seja assim. Você disse que os cientistas poderiam fazer ciência no âmbito de um paradigma diferente. Isso é importante. No entanto, as pessoas dizem freqüentemente: "Bem, isso é apenas a força da ciência, a sua força unificadora. Na ciência não pode haver contradições. A ciência é a base inabalável para toda a verdade", e assim por diante.

FRITJOF: Mas, veja você, a ciência é desenvolvida dentro do paradigma maior. Assim, por exemplo, se dois grupos científicos trabalhassem no projeto SDI (*Strategic Defense Iniciative*) [Iniciativa de Defesa Estratégica], obteriam resultados muito semelhantes. Construiriam feixes de laser para uso no espaço exterior, estações espaciais, satélites assassinos, e assim por diante. Embora os resultados pudessem diferir um pouco, como acontece na ciência quando é feita em países diferentes, mais ou menos as mesmas conclusões seriam alcançadas. Mas você poderia facilmente imaginar uma determinada cultura para a qual estaria absolutamente fora de questão até mesmo trabalhar nesse projeto, porque os valores seriam diferentes.

DAVID: É isso o que eu quero enfatizar; a ligação entre o paradigma social e o científico: que o tipo de sociedade em que vivemos determina o tipo de ciência que teremos.

FRITJOF: Sim, o paradigma científico está encaixado no paradigma social.

DAVID: Muito mais do que as pessoas imaginam. Agora, deixe-me perguntar-lhe algo mais. Estou, desde há muito tempo, fascinado pelo conceito de éter. O éter desempenhou um papel muito importante na história da ciência, pelo menos até o final do século XIX. Hoje, desapareceu por completo. O que aconteceu? Por que ele era necessário então e por que agora não se precisa mais dele? Talvez possamos encontrar aqui um paralelismo com certos conceitos teológicos que também pareciam urgentemente necessários em certa época e agora deixaram de sê-lo. Parece que isso é um fenômeno típico em épocas de mudança de paradigma.

FRITJOF: Realmente é. Esse fenômeno de conceitos que são necessários durante certa época e depois deixam de ser necessários acontece repetidas vezes na ciência. Construímos modelos e depois os descartamos, porque passamos a ter modelos melhores. Então, finalmente, temos uma teoria completa que não é descartada. Ela será superada por teorias melhores, mas ainda permanecerá válida dentro de sua faixa de aplicabilidade.

Entre os conceitos científicos que foram descartados quando se adotou um novo modelo, o éter é talvez o mais famoso, e com justiça, pois a mudança de percepções que nos permitia descartar o conceito de um éter marca o início da física do século XX.

Este é um assunto fascinante. Começa com a questão da natureza da luz, e é um exemplo muito significativo do fato de que uma experiência tão cotidiana como a da luz do Sol alcançando a Terra é algo que ultrapassa os poderes da nossa imaginação. Não temos meios de imaginar como a luz do Sol alcança a Terra. Embora as pessoas estejam normalmente inconscientes disso, foi esta questão que encaminhou os cientistas para a física moderna.

No século XIX, Michael Faraday e Clerk Maxwell desenvolveram uma teoria abrangente do eletromagnetismo, que culminou na descoberta de que a luz consiste em campos elétricos e magnéticos que se alternam rapidamente e viajam através do espaço sob a forma de ondas. Esses campos são entidades não-mecânicas, e as equações de Maxwell, que descrevem seu comportamento exato, constituíram a primeira teoria que ultrapassou a mecânica newtoniana. Foi esse o grande triunfo da física do século XIX.

No entanto, quando Maxwell fez a sua descoberta, foi imediatamente obrigado a se defrontar com um problema. Se a luz consiste em ondas eletromagnéticas, como podem essas ondas viajar através do espaço vazio? Sabemos, graças à nossa experiência e à teoria do movimento ondulatório, que cada onda necessita de um meio para se propagar. Uma onda na água necessita dessa água, que é perturbada e a seguir se move para cima e para baixo, à medida que a onda passa através dela. Uma onda sonora necessita de partículas de ar, que vibram à medida que a onda passa por elas. Sem o ar ou sem alguma outra substância material, não há som. Mas as ondas luminosas viajam através do espaço vazio, onde não há nenhum meio para transmitir as vibrações. Então, o que é que está vibrando numa onda de luz?

Foi isso que levou os cientistas a inventar o conceito de éter. Eles diziam: "Não existe ar, mas existe um meio invisível, chamado éter, no qual as ondas de luz viajam." Esse éter precisava ter propriedades extravagantes. Por exemplo, tinha de ser uma substância sem peso e perfeitamente elástica. Veja: quando as ondas se propagam na água, elas acabam desaparecendo devido ao atrito, mas as ondas de luz não. Portanto, o éter tinha de ser perfeitamente elástico, sem nenhum atrito. No início do século XX, os cientistas não podiam persuadir a si próprios a abandonar a noção de um éter, a despeito de suas estranhas propriedades, pois essa imagem mecanicista de uma onda que precisa de um meio para se propagar estava firmemente arraigada em suas mentes.

Foi necessário um Einstein para afirmar que não havia éter algum, que a luz é um fenômeno físico por sua própria conta, que não precisa de um meio para se propagar. Não precisa de um meio, dizia Einstein, porque ela se manifesta, não apenas sob a forma de ondas, mas também sob a forma de partículas, que podem viajar através do espaço vazio. Ele chamou essas partículas de quanta de luz, que deu nome à teoria quântica, a teoria dos fenômenos atômicos.

A luta que se travou com a questão: "Em que sentido, exatamente, um quantum de luz é uma partícula e em que sentido é uma onda?" é a história da teoria quântica, que se estendeu ao longo das três primeiras décadas do século. No fim desse instigante período, os físicos compreenderam que as ondas de luz são, na verdade, "ondas de probabilidade" – isto é, padrões matemáticos abstratos que dão a você a probabilidade de encontrar uma partícula de luz (que hoje chamamos de fóton) num determinado lugar quando você procura por ela. Esses padrões de probabilidade são padrões ondulatórios que viajam através do espaço vazio. Portanto, sem entrar em maiores detalhes, o final da história é que a luz é constituída tanto de partículas como de ondas, e que o éter tornou-se desnecessário.

DAVID: Assim, tivemos uma vez, na física, um conceito que parecia absolutamente indispensável, e depois esse conceito caiu por terra. Penso que há, na teologia, paralelismos com relação a esse fenômeno.

THOMAS: O exemplo clássico de uma doutrina desnecessária dentro do pensamento teológico cristão comum é o do universo geocêntrico. Para dar apoio à autenticidade da Bíblia, os teólogos medievais pensavam que era necessário postular a idéia de uma Terra imóvel no centro de um cosmos em movimento. Durante a Renascença, Copérnico e outros elaboraram uma outra teoria: a de que a Terra não é o centro, mas se move ao redor do Sol. Galileu sustentou a tese de Copérnico. Ao mesmo tempo, no entanto, Galileu foi um católico fervoroso que desejava permanecer em comunhão plena com a Igreja Cristã. Ele não era ingênuo em matéria de teologia. Lera a Bíblia e sentia necessidade de explicar a relação entre ciência e teologia, ou melhor, entre a linguagem científica e a linguagem bíblica.

FRITJOF: Qual era o problema teológico?

THOMAS: Os teólogos acreditavam, por exemplo, que, uma vez que a Bíblia afirmara: "O Sol parou", era necessário, a fim de não lançar dúvida sobre a verdade da Sagrada Escritura, supor que o Sol se movia ao redor da Terra.

DAVID: Uma linguagem poética erradamente interpretada como relato científico.

THOMAS: Galileu disse que este versículo da Bíblia: "O Sol parou", era uma afirmação religiosa. A linguagem que ela usa é a linguagem das pessoas comuns; ela se dirige às massas, enquanto a ciência é para as pessoas que falam uma linguagem diferente, mais sofisticada, a linguagem da matemática. A finalidade da ciência não é satisfazer as necessidades religiosas das pessoas, mas adquirir conhecimento sobre o universo e construir o grande edifício do conhecimento empírico. Essa é uma afirmação que, com um maior refinamento, qualquer estudioso da Bíblia faria hoje.

FRIJOF: Em suma, qual foi o conceito que deixou de ser necessário?

THOMAS: O conceito que deixou de ser necessário foi o da Terra imóvel. Os teólogos, finalmente, chegaram à conclusão de que a Bíblia não era um manual científico, uma fonte de respostas para as nossas perguntas sobre o universo físico.

FRITJOF: Poder-se-ia dizer que a Bíblia fala em termos de metáforas e de modelos, como o fazemos na ciência? As metáforas da Bíblia apontam para a verdade religiosa, mas elas não constituem a verdade plena. Portanto, a metáfora não deveria ser confundida com a verdade para a qual a metáfora aponta.

THOMAS: A verdade nunca deveria ser confundida com qualquer dos meios pelos quais a expressamos, sejam eles metafóricos ou conceituais. É por isso que vários teólogos adotaram um método de "modelos" típico das ciências naturais. Já mencionei Avery Dulles e Bernard Lonergan, tendo ambos feito um bom uso desse método (pense, por exemplo, no *Models of the Church* [Modelos da Igreja] de Dulles). Nas outras igrejas cristãs há eruditos como Ian Barbour e Langdon Gilkey. Penso que o uso de modelos em teologia simplesmente reflete a consciência tradicional do caráter analógico de toda a linguagem teológica. Tudo o que dizemos a respeito de Deus é *analogia* – isto é, tudo o que afirmamos a respeito de Deus implica também a diferença infinita que há entre Deus e tudo o que conhecemos.

DAVID: O outro conceito que se tornou obsoleto mais recentemente é o limbo. Para muitas pessoas, a questão do limbo era muito mais candente que a de universo geocêntrico. Era a idéia segundo a qual as crianças que morriam sem batismo não podiam ir para o céu, porque tinham o pecado original. Também não podiam ser condenadas ao inferno, e por isso inventou-se o limbo, um estado intermediário. Essa invenção provocou uma tremenda tristeza em muitos pais cujos filhos morreram antes de serem batizados.

THOMAS: A doutrina do limbo foi a conclusão teológica de uma hipótese de Santo Agostinho. Agostinho concebia o pecado original como *culpa* original, transmitida durante a concepção a cada indivíduo humano. Por isso, toda a humanidade é uma *massa damnata*, uma massa amaldiçoada, redimida por Cristo, mas ainda sujeita ao pecado; até mesmo o ato de conceber uma criança, o ato sexual, é para Agostinho, pelo menos, minimamente pecaminoso. A idéia de Agostinho é apenas uma solução possível para a questão teológica da propensão humana para o pecado, mas sua solução prevaleceu devido à importância excepcional de Agostinho na teologia ocidental. Foi assim, com base na doutrina de Agostinho sobre a culpa original transmitida a cada indivíduo descendente de Adão e Eva, que os teólogos elaboraram o conceito de limbo.

FRITJOF: Portanto, o limbo era um lugar que não era nem céu nem inferno?

THOMAS: Um lugar que não era nem céu nem inferno nem purgatório, mas um lugar de eterna distância de Deus. Não há visão de Deus no limbo. Santo Agostinho disse que as crianças que morriam em pecado original não sofriam tormentos, na realidade, mas tinham de sofrer "castigos muito suavizados". Essa noção um tanto absurda insinuou-se na mentalidade católica e nos textos teológicos comuns, e veio a ser considerada como uma certa doutrina, quando na realidade não o era.

FRITJOF: Como isso foi resolvido?

THOMAS: Foi resolvido graças a um conhecimento maior do pano de fundo histórico desse ensinamento, confinado a uma certa corrente do pensamento cristão ocidental. De fato, a tradição ortodoxa do cristianismo oriental postula um entendimento muito diferente do pecado original, que não inclui necessariamente a noção de culpa transmitida e, portanto, não vê a humanidade como uma massa amaldiçoada; as crianças, compartilhando da natureza humana de Cristo, serão levadas à sua presença se morrerem antes do batismo e antes da idade da razão.

FRITJOF: Desse modo, qual é então a interpretação desse conceito de acordo com o novo paradigma?

THOMAS: A teologia do novo paradigma nem sequer se preocupa em interpretar o conceito de limbo; ela o descartou.

FRITJOF: Certo. Mas como ela interpreta o pecado original?

THOMAS: Essa é uma questão muito delicada e difícil, porque o conteúdo da doutrina católica não é inteiramente claro, a não ser no sentido do reconhecimento de que a nossa natureza está profundamente ferida – algo de que estamos todos cientes – e de que temos uma absoluta necessidade de graça para a nossa salvação.

FRITJOF: Então o problema não está resolvido?

THOMAS: Não está. Esta é uma daquelas áreas onde há um certo espaço para a discussão teológica.

DAVID: Quando um ocidental instruído me pergunta: "O que é pecado original?", eu respondo que é o termo cristão para o fenômeno universal que os budistas chamam de *dukkha*. O significado original desse termo refere-se a uma roda que range sobre o seu eixo: alguma coisa está fora da ordem. Escolhi a noção budista de *dukkha* porque até mesmo no Ocidente muitas pessoas têm uma compreensão melhor de *dukkha* do que de "pecado original". Os dois conceitos surgem do reconhecimento de que algo está errado com a existência. A vida humana, por assim dizer, "range sobre o seu eixo". Não apenas as tradições religiosas budista e cristã, mas também todas as tradições religiosas partem desse reconhecimento de que alguma coisa está fora da ordem conosco, de que estamos perdidos e de que temos de encontrar o nosso caminho para a casa.

FRITJOF: E nas crianças esse tipo de condição não está nem mesmo desenvolvido. A plena condição humana não está desenvolvida numa criança pequena.

DAVID: Mas as crianças nascem dentro dessa condição, pois a nossa sociedade está confusa. A ênfase sobre os aspectos sociais do pecado original, sobre as distorções sociais, é muito mais forte atualmente em teologia do que costumava ser. Isso corresponde muito mais intimamente à noção bíblica original daquilo que passamos a chamar de pecado original.

THOMAS: O fato de você mencionar as condições sociais que são tanto efeito como causa do pecado leva-me à questão do dilema moral do cientista. Se podemos fazer uma coisa, isso significa necessariamente que devemos fazê-la? Em nome do progresso, sempre fomos impelidos a dizer: "Sim, vá em frente." Mas há alguma fronteira, pelo menos teórica? Se não há nenhuma fronteira, como podemos proteger melhor a nós mesmos e ao nosso planeta? Como podemos nos equipar espiritualmente para lidar com os frutos do nosso próprio intelecto?

FRITJOF: Penso que há uma concepção errônea muito difundida segundo a qual não há fronteiras na ciência que possam nos impedir de adquirir conhecimento intelectual. A imagem popular é aquela de um cientista sentado em seu laboratório, fascinado por algum problema e perseguindo sua solução independentemente das conseqüências. Afirma-se que a curiosidade intelectual é uma característica humana básica, e, como seres humanos, deveríamos ter o direito de seguir essa curiosidade básica.

Bem, essa imagem é totalmente falsa. Não é, em absoluto, dessa maneira que se faz ciência atualmente. *Há* fronteiras para a curiosidade humana. Na verdade, há dois tipos de fronteiras. A primeira está no fato de que as pesquisas vêm sendo feitas no contexto de um paradigma mais amplo, que contém um certo conjunto de valores. O que é interessante para um cientista é determinado, em parte, por esses valores. É determinado, naturalmente, pela predileção pessoal, mas é também determinado pelo paradigma. Por exemplo, amarrar um animal em algum dispositivo mecânico, torturá-lo e medir seus limiares de dor não é intelectualmente instigante para mim. Derramar substâncias tóxicas em seus olhos e medir seu efeito sobre a retina não é algo que eu julgue interessante ou recompensador. Não é atraente, pois eu não trabalho no âmbito de um paradigma que encoraje essa espécie de pesquisa. Portanto, não é que eu diga: "Eu não faria isso. Mas, meu caro, eu gostaria de fazê-lo. Se me fosse permitido, seria o máximo." Não, em absoluto. É justamente o oposto. Acho esse tipo de pesquisa tão repulsivo que não há nada nele que me instigue intelectualmente. Num paradigma diferente – e, naturalmente, vocês sabem que milhares de cientistas fazem esse tipo de pesquisa – num diferente tipo de paradigma, poder-se-ia encontrar todas as espécies de argumentos para tornar essas pesquisas instigantes, ou, no mínimo, interessantes. Este é um exemplo extremo. Penso, porém, que na maioria dos empreendimentos científicos a questão da pesquisa cairá dentro ou fora do paradigma pelo que toca aos seus valores, e as coisas que não se enquadram no paradigma provavelmente não serão instigantes. Esta é uma das fronteiras.

A segunda fronteira não é uma fronteira intelectual, mas econômica ou financeira. Atualmente, os cientistas que se sentam em seus laboratórios para fazer aquilo que julgam ser o assunto mais instigante são muito, muito raros. Talvez nem mesmo existam. Tipicamente, o que acontece é que você faz pesquisas sobre um projeto que é financiado. Se você não obtém os fundos, não pode realizar a pesquisa. Para obter os fundos, você redige propostas de financiamento, formula essas propostas na linguagem do paradigma dominante, se quiser obter o dinheiro. De outra maneira, não conseguirá obtê-lo. É aí que, socialmente, entram os valores. Portanto, aquilo que você pode investigar na sua pesquisa depende do financiamento que você consegue obter.

THOMAS: Você também diria que a idéia subjacente de procurar conhecimento dessa maneira faustiana ou prometéica também faz parte do velho paradigma? Em outras palavras, procurar acumular conhecimentos com o propósito de adquirir poder sobre a natureza?

FRITJOF: Com toda a certeza. Não só faz parte do velho paradigma como nem mesmo reconhece a existência de paradigmas. Não reconhece que o conhecimento não se restringe a acumular-se nem reconhece que o conhecimento surge de uma constelação de conceitos, de percepções, de valores e de práticas dos quais não pode ser separado.

DAVID: Por falar em financiamento, não é, em geral, um tanto difícil obter subvenções para empreendimentos de risco interdisciplinares?

FRITJOF: Certamente.

DAVID: E isso também não é um sinal de que o pensamento do novo paradigma, que favorece o trabalho interdisciplinar, ainda não começou a se infiltrar?

FRITJOF: Sim, com certeza. Ainda não se infiltrou, em absoluto, nas corporações financiadoras. A maior parte das pesquisas que hoje é subvencionada relaciona-se com fins militares, o que não é de se admirar. Mais de 75 por cento do assim chamado *R&D money* (dinheiro destinado à pesquisa e ao desenvolvimento) na América do Norte é financiado pelos militares. Isso, naturalmente, é uma perversão tremenda do empreendimento científico. Todo o espírito da ciência está sendo distorcido, e as habilidades científicas e de engenharia de um grande número de cientistas são afastadas da atividade útil. A pesquisa militar é desperdício, quase que por definição.

DAVID: Você teria algumas sugestões sobre como poderíamos nos livrar disso?

FRITJOF: Você não pode mudar o fato de que a pesquisa científica é determinada, em grande medida, pelo sistema de valores. A motivação para realizar um tipo de pesquisa em vez de outro é determinada por valores. Esse sistema de valores, naturalmente, pode mudar. É disso que trata a mudança de paradigma, em seu todo. Mas a pesquisa também é determinada, em certa medida, por aquilo que consegue obter fundos, e o financiamento da ciência deveria ser democratizado. Hoje, ele não se processa democraticamente. Cidadãos comuns têm possibilidade de acesso muito pequena. Se a pesquisa científica fosse financiada de maneira mais democrática, sua direção refletiria em maior medida a vontade da comunidade. Mas isso só acontecerá com uma revitalização de todo o processo democrático, com a descentralização dos poderes econômico e político, e assim por diante. É isso o que o movimento Verde, na Europa, está procurando conquistar, com uma certa dose de sucesso.

DAVID: Isso me parece uma rota promissora para ser trilhada também aqui, nos Estados Unidos.

Paradigma em teologia

FRITJOF: Agora, a questão que eu quero apresentar refere-se à teologia: "Há, em teologia, coisas que se possa chamar de paradigma e de mudança de paradigma?" Em caso afirmativo, quais são as limitações do atual velho paradigma em teologia e por que há necessidade de um pensamento do novo paradigma em teologia?

THOMAS: Se você perguntar se diferentes paradigmas são legítimos em teologia, a resposta é sim, até mesmo na tradição cristã mais ortodoxa. São legítimos devido à própria natureza do objeto da teologia, que é Deus enquanto supremo mistério no qual estamos imersos mas que nunca podemos compreender. A teologia autêntica jamais alegou a pretensão de resolver o mistério ou de reduzi-lo aos "conceitos claros e distintos" de Descartes. Desse modo, uma pluralidade de paradigmas teológicos é tanto uma necessidade interna da fé como um fato histórico. A corrente principal do cristianismo abrange pelo menos quatro ou mais grandes eras de teologização, cada qual com sua própria consistência interna e com suas próprias regras, e, não obstante, com diferenças significativas entre elas. O cristianismo primitivo gerou várias grandes correntes teológicas nas várias igrejas "apostólicas" – Roma, Alexandria, Antioquia e, mais tarde, Constantinopla. A teologia medieval no Ocidente desenvolveu-se no âmbito da grande síntese dos pensamentos cristão e aristotélico chamada Escolástica. A resposta católica à Reforma Protestante produziu mais um paradigma teológico ainda.

DAVID: Eu diria que uma mudança de paradigma em teologia vem a ocorrer num grau menor quando a consistência interna da qual você falou está em questão, quando são feitas afirmações que não parecem mais se ajustar umas com as outras. Isso leva a uma mudança menor, na qual alguma coisa tem de ser ajustada.

FRITJOF: Mas poder-se-ia mudar o modelo dentro do mesmo paradigma. São as anomalias mais importantes que, usualmente, dão nascimento a mudanças de paradigmas.

THOMAS: O problema poderia existir em relação ao fato de se encontrar dentro da teologia um equivalente *exato* das anomalias na ciência. Eu gostaria de saber se nós o temos. Uma coisa paralela a uma anomalia poderia ser aquilo que chamamos de heresias, o desafio à ortodoxia da comunidade. Uma outra poderia ser, simplesmente, a introdução de um novo *input* cultural. Estou pensando, por exemplo, na metafísica de Aristóteles e nos comentários sobre Aristóteles feitos pelos pensadores muçulmanos, que os teólogos estavam começando a ler na época de Santo Tomás de Aquino, no século XIII. Desse modo, não acho que temos um equivalente exato. Tanto o desafio da heresia como o contato com outras culturas têm um efeito positivo na teologia; não há dúvida de que os assim chamados hereges tenham, às vezes, chegado a contribuir enormemente para o meticuloso exame final de onde resultou aquilo que, realmente, passou a constituir a fé da comunidade.

DAVID: Você tem razão. E os paralelismos com relação às mudanças do paradigma na ciência podem ser mais estreitos do que imaginamos. Aquelas pessoas que o *establishment* rotulou como hereges desafiaram o então prevalecente paradigma da fé, da prática religiosa e da teologia à luz da sua própria experiência religiosa. Isso não é tão diferente de um novo *input* cultural que entra em confronto com um paradigma envelhecido. Atualmente, o velho paradigma científico é desafiado por novas percepções humanas; por exemplo, por um novo sentimento de respeito pelo nosso planeta, que desafia os cientistas a encarar sua responsabilidade para com o nosso meio ambiente. A ciência, por sua vez, pode levar a uma nova percepção humana, mostrando, por exemplo, como tudo está ligado a tudo. Quanto maior for a intimidade que sentirmos com relação aos animais, tanto mais sensíveis nos tornaremos às atrocidades infligidas a eles por pesquisas frívolas e pelos frios interesses comerciais da indústria dos animais de criação. Daí os protestos: o novo pensamento sempre desafia o *establishment*, seja na teologia seja na ciência.

FRITJOF: Por exemplo, quando dizemos, dentro do novo paradigma social, que a segurança nacional é um conceito obsoleto, essa afirmação contraria nossas políticas nacionais; contraria o *establishment*. De maneira semelhante, quando Galileu afirmou que os planetas possuem luas e que a Terra gira ao redor do Sol, essas afirmações contrariavam o *establishment* de sua época. A diferença, naturalmente, é que naquela época o *establishment* era a Igreja, e o paradigma dominante era o aristotélico, o escolástico, enquanto que hoje o paradigma dominante não é mais veiculado pela Igreja, mas pelas corporações e pela *mass media* que elas possuem, pelo governo e pelas burocracias militares, e assim por diante.

DAVID: Concordamos, então, que há na teologia uma mudança de paradigma comparável à que ocorre na ciência?

THOMAS: Concordo certamente que há hoje uma mudança de paradigma na teologia, mas se ela é comparável, e até que ponto ela é realmente comparável à da ciência, ainda não está claro para mim.

História dos paradigmas cristãos

FRITJOF: Na ciência, para manter o desenvolvimento, seja ele o desenvolvimento gradual nos períodos de ciência normal ou o desenvolvimento revolucionário em períodos de mudança de paradigma, você tem de efetuar continuamente essas observações sistemáticas que fazem parte do método científico. Poderia parecer que na teologia, se você quer aprimorar os seus dogmas e a sua compreensão da fé, a reflexão sobre a experiência religiosa, você também teria de contar com a experiência religiosa contínua. Ora, até onde posso perceber, isso não acontece atualmente. E talvez eu pudesse até mesmo fazer uma afirmação mais arrojada e dizer que, no cristianismo, esse nunca foi um ponto forte. Os místicos sempre foram marginalizados e, com freqüência, perseguidos.

THOMAS: Penso que você precisa matizar essa afirmação de acordo com as diferentes épocas em que vigoraram aqueles que estamos chamando de paradigmas da teologia cristã.

FRITJOF: Poderia nos dar um breve resumo desses paradigmas?

THOMAS: Durante os primeiros mil anos do cristianismo, foi geralmente reconhecido que a teologia tinha de ser o fruto, não só de uma profunda convicção intelectual mas, acima de tudo, de uma intensa experiência pessoal de fé. Foi a época dos "Padres" ou "Pais" da Igreja – perdoem-me a linguagem sexista, mas praticamente todos os primeiros escritores cristãos eram homens! Você dificilmente encontraria um desses Padres a quem não chamaria igualmente de místico: pense em Orígenes e em Gregório Nisseno e em Gregório Nazianzeno, no Oriente, e em Ambrósio, em Agostinho e no papa Gregório, o Grande, no Ocidente.

A crise do misticismo e da experiência religiosa profunda do cristianismo coincide com a emergência do grande paradigma escolástico. Foi o período de Santo Tomás de Aquino e de São Boaventura no século XIII, e a energia, você poderia dizer, do paradigma escolástico continuou até o século XVI; nessa época ainda havia alguém como Cajetan, que foi um grande comentador de Tomás de Aquino e também um pensador original. Mas o que aconteceu no decorrer de todo esse período foi a fragmentação progressiva da disciplina teológica. Primeiro, a lei da Igreja foi divorciada da teologia, e, a seguir, a teologia dogmática, a teologia moral e a teologia ascética ou espiritual seguiram, cada uma, um caminho diferente. E, finalmente, a própria teologia dogmática foi toda dividida em "tratados" específicos. A fragmentação progressiva foi o preço pago por uma nova apresentação sistemática do cristianismo em termos do pensamento aristotélico. A partir dessa época, tem havido uma constante tensão entre o teólogo enquanto profissional erudito, especializado no conteúdo do ensinamento cristão, e a pessoa espiritualizada, que está tentando viver esse ensinamento num nível profundo de prática e de experiência.

DAVID: Você está dizendo que, aproximadamente, antes do século XIII os místicos eram os teólogos, e vice-versa?

THOMAS: Certamente. Em princípio, pelo menos, considerava-se axiomático o fato de que os dois – teólogos e místicos – eram inseparáveis. E a atitude do teólogo era, antes de mais nada, a de um ouvinte, uma pessoa de fé que está procurando meios adequados para explicar a experiência cristã e associá-la com outros conhecimentos. Isso é teologia como *fides quaerens intellectum*, "a fé procurando o entendimento". O que é notável com relação ao pensamento cristão primitivo é o fato de que tanto os Padres ortodoxos como os "hereges" tinham, basicamente, a mesma concepção a respeito do propósito da teologia: iniciar o crente numa *gnose* genuína, num conhecimento vivencial, experimental, de Deus. Não um conhecimento puramente intelectual, mas um conhecimento que transforma totalmente e, como muitos desses primeiros escritores cristãos diziam, "diviniza" o crente.

FRITJOF: E, a partir do século XIII, como você estava dizendo, houve essa tensão entre os teólogos de um lado e os místicos do outro.

THOMAS: Foi o próprio paradigma que impôs essa divisão, e quase proibiu o teólogo de se tornar demasiadamente místico. Ele tinha de permanecer no nível intelectual. No entanto, devo acrescentar que a crise do misticismo foi algo que aconteceu, em grande medida, no Ocidente. A Igreja Oriental continuou, em sua maior parte, na linha da teologia holística. Mas, enquanto isso, as duas igrejas excomungavam-se mutuamente.

FRITJOF: Isso, é claro, dificulta muito o reconhecimento desse pleno paralelismo entre ciência e teologia. Se a experiência religiosa não tem sido o terreno da teologia no *establishment* teológico durante os últimos sete séculos, como podemos esperar que emerja um pensamento do novo paradigma se ele não vem acompanhado de um renascimento da experiência religiosa?

DAVID: Ele deve vir acompanhado de um renascimento da experiência religiosa; atualmente, ele já surge com uma nova apreciação explícita da experiência religiosa. Não faz muito tempo, ainda se pensava que o sentido de uma profunda comunhão interior com Deus era privilégio de "místicos". Hoje, esse sentido de comunhão interior está amplamente difundido. Reconhecemos hoje que cada ser humano pode ser um místico em grau mediano. Naturalmente, não deveríamos nos esquecer de que um número incontável de cristãos, em todas as épocas, estava vivendo sob o vigor da vida divina no âmago de seus seres. Desse modo, eles eram místicos autênticos. Pessoas como Meister Eckhart ou Jakob Böhme ou Juliana de Norwich ou San Juan de la Cruz, pessoas a quem qualificamos de místicos, eram muitas vezes aqueles que ganharam notoriedade devido ao fato de terem ficado em apuros com relação ao *establishment*. Outras pessoas, em número incontável, foram alimentadas por fontes de vida mística dentro de seus corações e podem nunca ter sequer refletido sobre isso. O que mantém viva a fé é sempre o conhecimento vivencial do espírito de Deus dentro de nós.

FRITJOF: Veja você, na ciência, independentemente do paradigma em cujo âmbito eles trabalham, todos os cientistas concordam com o fato de que a base do conhecimento científico é a observação sistemática.

DAVID: O que aconteceu progressivamente na tradição cristã, penso eu, é o fato de que a teologia, até épocas recentes, se separou da própria vida da Igreja e tornou-se dissecada, pelo menos em alguns dos seus representantes mais conhecidos. Atualmente, isso não é mais possível. Assuntos tais como novas descobertas científicas, abusos políticos ou igualdade dos sexos ou pluralismo religioso, e assim por diante, exercem um forte impacto na teologia. A menos que a teologia se dirija para essas questões, ela corre o risco de se tornar irrelevante.

THOMAS: Mais uma vez, veja que, para fazer justiça à história da teologia, você tem de nomear alguns dos melhores exemplos. Por exemplo, o próprio Santo Tomás de Aquino foi, sem dúvida, um grande místico, um homem de profunda experiência espiritual, mas viveu sua vida mística num plano imensamente distante da sua teologia. Por volta do final de sua vida, quando a tensão entre sua experiência e sua teologia tornou-se intolerável, ele afirmou, a respeito de sua obra teológica, que "é tudo palha!"

DAVID: Thomas, antes você mencionou quatro paradigmas na teologia cristã. Poderia falar rapidamente sobre eles?

THOMAS: Farei o possível para ser breve. Um bom resumo encontra-se num artigo, extenso como um livro, sobre a teologia e o seu método, escrito por Cipriano Vagaggini, um teólogo italiano que pertence à comunidade beneditina camaldulense, na Itália.

DAVID: Sim, Cipriano Vagaggini é um nome que, para centenas, ou talvez milhares de estudantes foi um grande professor durante toda a sua vida. Ele promoveu, realmente, uma mudança de paradigma na teologia. É uma das pessoas-chave no contexto desta nossa conversa.

THOMAS: Vagaggini começa examinando a história do pensamento ocidental em geral. Ele salienta o caráter anômalo de Aristóteles com relação aos outros grandes filósofos. Aristóteles, diz Vagaggini, interrompe a confiança geral do pensamento clássico, que tendia a unificar a busca clássica pela sabedoria em torno de um humanismo total e de uma preocupação total com o desenvolvimento humano – com o potencial humano, como diríamos hoje. Um elemento-chave no desenvolvimento da teologia cristã tem sido este: saber o quanto de Aristóteles foi introduzido nessa teologia.

No começo do cristianismo, o Novo Testamento já continha uma teologia, mas uma teologia que não era sistemática e, propriamente falando, nem dogmática. Seguindo-se ao Novo Testamento, quatro grandes paradigmas teológicos emergem: o primitivo ou patrístico, o escolástico medieval, o escolástico-positivo e, finalmente, o paradigma do século XX, que estamos chamando de teologia do novo paradigma. A primeira grande síntese teológica, o paradigma patrístico, começa a emergir no terceiro, no quarto e no quinto séculos. É a ela que Vagaggini dá o nome de modelo de Sabedoria-Gnose, uma teologia cuja finalidade é levar os devotos a uma *gnose* que não é um conhecimento abstrato mas uma visão da realidade que transforma toda a pessoa.

FRITJOF: E quanto à interpretação paulina?

THOMAS: São Paulo é, sem dúvida, o primeiro teólogo cristão, mas sua teologia não tem um caráter sistemático, de grande envergadura. No entanto, a preocupação de Paulo com o destino pessoal do devoto, sua centralização da vida cristã em torno da cruz de Jesus e, acima de tudo, sua doutrina da salvação pela graça através da fé tornaram-se os grandes temas da teologia desde essa época.

DAVID: E quanto à Orígenes?

THOMAS: Orígenes é também um dos grandes pioneiros em teologia. Ele instalou o tear no qual foi tecida a síntese patrística, pois, basicamente, ele inventou o método teológico. Você poderia dizer que sua grande contribuição não foi tanto o conteúdo do seu pensamento mas o seu método, uma certa maneira de ler as Escrituras, uma maneira de ler a Bíblia em muitos níveis diferentes. Orígenes é uma figura central no primeiro paradigma teológico, o modelo da Sabedoria-Gnose da era patrística.

O segundo paradigma é a grande sistematização escolástica, com a entrada das novas traduções latinas de Aristóteles e dos comentários islâmicos sobre Aristóteles.

FRITJOF: E se você quisesse assinalar os séculos?

THOMAS: Você poderia datar a era patrística a partir do século III até cerca do ano 1100. O período escolástico, a seguir, vai do século XII até o século XVI. A Escolástica é caracterizada pela sua tendência fortemente intelectual e pelos seus esforços para articular a fé no âmbito de um sistema coerente com a ajuda de conceitos filosóficos aristotélicos, uma tentativa de fazer com que a fé cristã adquira sentido aristotélico.

Com a Reforma e com a Contra-Reforma católica, você tem o desenvolvimento daquilo que é chamado de teologia escolástica-positiva, uma maneira de fazer teologia com base em textos. Você destaca passagens da Bíblia e passagens dos primeiros

Padres da Igreja e passagens da *Summa* de Santo Tomás; em seguida, utiliza um método silogístico para demonstrar que este, aquele ou outro artigo do ensinamento dogmático é verdadeiro e irrefutável.

DAVID: Talvez nesse terceiro período da teologia tenhamos um paralelismo com uma época na ciência, antes que a ciência experimental fosse reintroduzida na Renascença, na qual a ciência consistia realmente em reiterar aquilo que fora dito mil anos antes pelos cientistas gregos. Esses cientistas pré-modernos estavam apenas repetindo afirmações autorizadas; não estavam experimentando. No entanto, na vida cotidiana, eles estavam provavelmente reparando em fenômenos que contradiziam suas teorias; eles apenas não as investigavam sistematicamente.

THOMAS: A teologia escolástica-positiva é caracterizada pelo seu caráter polêmico e apologético. Em outras palavras, seu propósito é defender o catolicismo contra os protestantes, a seguir, contra o Iluminismo, e agora contra o secularismo, contra o marxismo, contra todas as formas de modernismo.

FRITJOF: Você diria que esse processo continua e que alcança o presente?

THOMAS: Certamente alcança o presente, mas neste exato momento estamos passando, como você diria, por um desses intervalos caóticos. No decorrer do início do século XX, os teólogos católicos estavam tentando desenvolver uma nova síntese que uniria a abordagem intelectual da fé e da religião com a abordagem experimental, enquanto introduziam também um elemento fortemente antropológico ou humanista.

Pensadores do novo paradigma na teologia contemporânea

FRITJOF: Isso me leva à minha próxima pergunta. Quando falamos a respeito do pensamento do novo paradigma na teologia, quem são os representantes e qual é a comunidade que está compartilhando desse novo paradigma? Quem seriam os teólogos que já estão pensando dessa maneira? Há uma dúzia ou há duzentos? Quantos há?

DAVID: Naturalmente, não lhe posso dar um número atualizado, mas posso dizer com segurança que é a maioria. Nem mesmo quero dar os nomes daqueles teólogos que passam rapidamente pela minha cabeça como trilhas luminosas para o pensamento do novo paradigma. O fato decisivo é que a maioria dos teólogos contemporâneos já está trabalhando, num grau maior ou menor, dentro do novo paradigma.

FRITJOF: Para mim, isto é certamente uma novidade, o fato de haver uma grande comunidade de teólogos desenvolvendo um novo pensamento em teologia.

DAVID: Sim. Mas o fato mais notável surge quando você considera quantos cientistas, atualmente, ainda estão fechados ao pensamento do novo paradigma. Mas para que fique claro que eu não estou sendo excessivamente otimista, eu gostaria de saber o que Thomas pensa a respeito disso. Qualquer especificação de números seria, naturalmente, ridícula. Todavia, na comunidade teológica em todo o mundo, alguém que não esteja, pelo menos, se movendo em direção àquilo que estamos denominando aqui de novo paradigma seria considerado antiquado e reacionário, não valendo a pena levá-lo a sério, mesmo que alguns ultraconservadores se entrincheirem em posições de influência e de poder.

THOMAS: Isto se deve ao fato de que a procura de um novo paradigma teológico já está sendo feita desde há cem anos. Por volta de meados do século XIX, alguns pensadores católicos começaram a ficar cientes da necessidade de uma nova abordagem em teologia: John Henry Newman retrocedeu às fontes do paradigma teológico mais antigo, o da era patrística, e dele extraiu suas idéias sobre o desenvolvimento da doutrina cristã e sobre a diferença entre assentimento nocional (meramente intelectual) e assentimento real no ato de fé. O teólogo alemão Johann Moehler seguiu quase a mesma trilha, enfatizando a dimensão não-conceitual da fé e a realidade da Igreja enquanto mistério sacramental e não apenas enquanto instituição, uma "sociedade perfeita", como era então chamada. No decorrer deste século, a urgente necessidade de renovação teológica tornou-se evidente para um grande número de católicos, até mesmo fora da comunidade acadêmica. Finalmente, o Concílio Vaticano II (1962-66) pôs um selo oficial de aprovação sobre a busca de um novo paradigma teológico e forneceu um terreno comum para o novo paradigma, que passou a ser, praticamente, aceito por todos a partir dessa época.

DAVID: Certo. Em outras palavras, os teólogos estavam dando impulso a uma mudança de paradigma, e o que retardou essa mudança por um tempo relativamente longo foi o *establishment* da Igreja. A propósito, há, no mundo científico, algo comparável ao *establishment* da Igreja que poderia deter uma mudança de paradigma?

FRITJOF: Naturalmente. Seria o *establishment* científico, incluindo as corporações de financiamento. Atualmente, nas ciências da vida, por exemplo, há duas direções principais. Uma é a da biologia molecular, da engenharia genética, e tudo isso. A outra é a da ecologia. Eu diria que, cultural e socialmente, a ecologia é muito mais importante, mas dificilmente consegue obter fundos, enquanto que tudo é investido em biologia molecular. E o novo pensamento está definitivamente na biologia sistêmica (redes neurais, auto-organização, autopoiesis, etc.), que é intimamente relacionada com a ecologia.

DAVID: Que interessante! Essa é uma área na qual, em absoluto, não esperávamos encontrar paralelismos; todavia, há um paralelismo, o mais notável, entre a ciência e a teologia.

FRITJOF: Dessa forma, penso que, na ciência, trata-se de dinheiro, de financiamento, de instituições acadêmicas. E, na Igreja, suponho, trata-se de um outro tipo de poder, não financeiro.

DAVID: Sim, o poder de proibir os teólogos de falar, o poder de excluí-los de postos onde eles seriam ouvidos. Hans Küng continua a ensinar, mas não permitem que ele se denomine a si mesmo de teólogo católico. Ele leciona atualmente num instituto para religiões de todo o mundo, e não numa faculdade católica de teologia. Mas isto o tornou muito mais consciente da necessidade de relacionar a teologia cristã com outras religiões, com a ciência e com a literatura, bem dentro do espírito do Concílio Vaticano II.

FRITJOF: Desse modo, criou-se uma situação engraçada, na qual o Vaticano II encorajou uma porção de coisas que o *establishment* agora não deseja. Estou certo?

THOMAS: Ainda há pessoas na Igreja que não aceitam plenamente o Vaticano II, e há também aqueles que até mesmo fariam o relógio andar para trás se pudessem, o que é naturalmente impossível. O que criou o clima favorável à mudança na Igreja foi, em parte, a experiência da tentativa malsucedida de silenciar alguns dos melhores pensadores católicos da década de 30 até a década de 60: por exemplo, Henri de Lubac e Yves Congar, dois grandes teólogos franceses. Na fronteira entre a teologia e as ciências naturais, o paleontólogo jesuíta Pierre Teilhard de Chardin impôs um desafio ao pensamento do velho paradigma em ambos os campos; ele foi proibido de publicar qualquer um dos seus escritos teológicos ou filosóficos durante todo o decorrer da sua vida. Porém, na época do Concílio Vaticano II, tornou-se evidente que era necessária uma nova orientação teológica para o diálogo em andamento da Igreja com a cultura contemporânea, talvez até mesmo para a sobrevivência do cristianismo.

DAVID: A mudança foi instada não só por determinados teólogos mas também por aquele profundo maremoto de que você falou, Thomas. Tudo isso levou finalmente às mudanças que afloraram no Vaticano II. A iniciativa surgiu, em grande medida, de mosteiros beneditinos alemães e franceses.

FRITJOF: O maremoto seria comparável às anomalias no paradigma científico, pois esse maremoto dizia: "Isso não é compatível com a minha experiência religiosa nem com a minha experiência na vida."

DAVID: E, naturalmente, ele não surgiu somente dos mosteiros. Mas uma contribuição decisiva foi feita pelos mosteiros, precisamente porque são laboratórios para experiência religiosa.

THOMAS: Agora que estamos falando a respeito de mosteiros, quero mencionar o nome de um monge muito simples, uma pessoa comum que, no começo deste século, contribuiu imensamente para a mudança de paradigma na teologia católica – Lambert Baudouin. Lambert foi um beneditino belga que fundou, quase sozinho, tanto o movimento litúrgico na Igreja católica como o movimento ecumênico, especialmente o diálogo com a Igreja Ortodoxa Oriental, mas também com a comunhão anglicana e com os protestantes. Baudouin propôs um retorno a uma teologia vivencial e celebrativa, como preparação para a representação do mistério no ritual; sua teologia litúrgica era uma reflexão sobre a fé, aberta até mesmo para estranhos, próximos e distantes. Desse modo, a teologia hoje veio a ser sacramental, orientada para o mistério e ecumênica.

O padre Lambert foi aprisionado num mosteiro e silenciado pela Igreja, mas viveu o suficiente para ver o Papa João XXIII exigir da Igreja um novo concílio que, finalmente, faria justiça às suas idéias.

FRITJOF: Quais foram essas idéias?

THOMAS: Graças a uma evidência, Baudouin compreendeu que a grande massa dos europeus foi simplesmente afastada pelo cristianismo. Muitos se penduravam no cristianismo e continuavam a freqüentar a igreja, não porque isso desse sentido às suas vidas e à sua experiência espiritual pessoal, mas porque não havia alternativa. A única alternativa era o secularismo completo, que, obviamente, não é uma alternativa espiritual. Dessa maneira, eles se penduravam nas formas, mas as formas não os estavam satisfazendo. Baudouin percebeu que uma resposta válida para as necessidades espirituais de cristãos alienados tinha de se basear numa teologia e numa prática pastoral que fossem tanto ecumênicas como centralizadas na celebração do mistério de Cristo na liturgia.

4. O paradigma cristão

FRITJOF: Dentro do contexto que estabelecemos até agora – experiência religiosa, reflexão intelectual sobre ela, celebração da experiência e comportamento que a segue, que conduz à moral – dentro desse contexto, que presumo, vale para todas as religiões, o que é tipicamente cristão?

THOMAS: Acho muito difícil articular o que é especificamente cristão de uma maneira que exclua a experiência religiosa que emerge em outras religiões. É difícil, para mim, dizer se qualquer experiência religiosa autêntica pode ser excluída do meu conceito de cristianismo, de cristianismo católico, talvez com um *c* minúsculo, se você quiser.

FRITJOF: Mas a minha pergunta não diz respeito apenas à experiência religiosa. Ela também se refere a todos os outros aspectos, à reflexão intelectual, à interpretação, à análise, aos rituais, à moral. O que, nisso tudo, é tipicamente cristão?

A personagem histórica de Jesus Cristo

THOMAS: O que é específico para o cristianismo é a pessoa de Jesus e o evento da sua vida, morte e ressurreição. E, a seguir, a irradiação dessa pessoa histórica através da comunidade daqueles que acreditam nela e que tentam viver como ela viveu, uma vida de amor que se auto-sacrifica.

Na minha própria experiência pessoal, acho que a verdadeira natureza desse mistério de Jesus é tal que não pode ser monopolizada pela Igreja. De fato, muitos hinduístas, budistas e outros estão agora procurando compreender Jesus em termos de suas próprias tradições; alguns chegaram a compreendê-lo com profundidade. Eu considero isso altamente significativo a partir de um ponto de vista teológico. O mistério de Jesus é específico do cristianismo, mas não pode ser monopolizado pelos devotos cristãos, porque é universal.

DAVID: Eu diria, se você me perguntasse o que é especificamente cristão: ''Não paremos nas Igrejas.'' Quando você chama alguma coisa de cristã? Quando ela tem um relacionamento decisivo com Jesus Cristo, com a personagem histórica de Jesus

Cristo. Há muitos e muitos graus de proximidade no relacionamento, mas, na medida em que é um relacionamento decisivo, eu o chamaria de cristão. Em outras palavras, eu concordaria com o que Thomas disse, que há hoje elementos cristãos no budismo, que há elementos cristãos no hinduísmo contemporâneo.

FRITJOF: Agora, o que torna o cristianismo, em si mesmo, cristão?

DAVID: Bem, o ponto decisivo é a experiência religiosa do próprio Jesus. Tudo retrocede a esse ser humano em particular, e eu não consigo conceber qualquer outra maneira de compreender Jesus a não ser aquela segundo a qual ele era um místico. Para mim, misticismo – numa definição bastante ampla, que é geralmente aceita – é a experiência da comunhão com a Realidade Suprema. Jesus tinha uma experiência de comunhão particularmente íntima e, num certo sentido, nova, com essa Realidade Suprema. Ele não hesitava em se relacionar com Deus com uma intimidade tal que nunca se tinha ouvido falar até então. Pela sua vida e pelo seu ensinamento, Jesus comunicou a muitos outros essa mística proximidade com Deus.

O Reino de Deus

DAVID: Jesus considerou as implicações sociais da percepção mística em termos do Reino de Deus. É essa a palavra-chave na mensagem de Jesus. Seus seguidores deram o passo seguinte; o ensinamento deles era um ensinamento *sobre* Jesus. Mas devemos sempre remontar ao ensinamento *do* próprio Jesus. Jesus tinha uma profunda experiência mística de Deus, e falava sobre ela, vivia essa experiência, em termos do Reino de Deus. "Reino de Deus" significava para Jesus "o poder salvador de Deus manifestado na história humana". Para os judeus na época de Jesus, salvação era um assunto que dizia respeito à comunidade à qual eles pertenciam. Para nós, esse aspecto comunal da salvação é quase impossível de ser apreciado exceto em termos de comunidade global. Devido ao fato de sermos tão individualistas, temos de traduzir aquilo que o poder salvador de Deus manifestado significa hoje para nós.

Para nós, o poder salvador de Deus é manifestado na experiência religiosa, a experiência do pertencer sem limites. Em nossos momentos de pico, vivenciamos o poder "salvador" resgatando-nos, trazendo-nos para fora daquilo que é mais estranho a esse sentido de pertencer, a saber, da alienação. A experiência de que pertencemos é a base para a pregação de Jesus a respeito do Reino, expressa em nossos termos contemporâneos. Então, a referência básica era dirigida à comunidade dos eleitos. Mas para nós é, mais amplamente, a experiência do pertencer e suas conseqüências sociais.

A pregação de Jesus se ergue nisso ou recai sobre isso. Ele pregou tanto pela maneira como viveu como pelas palavras que disse. E foi isso o que ele viveu – aquele sentido místico do pertencer ilimitado e a sua tradução num tipo de sociedade radicalmente novo.

Amor cristão

FRITJOF: Como o amor cristão se relaciona com isso?

DAVID: O amor é dizer sim ao pertencer. Essa é a minha definição de amor, pura e simples. O que quer que chamemos de amor, até onde posso perceber, está, de certa forma, relacionado com esse sim. O que mantém ligadas todas as várias noções de amor, desde o amor sexual até o amor pelos animais de estimação, até o amor pelos seus pais, o amor pelo mundo e o amor pelo meio ambiente, o que mantém todas elas ligadas é que, em cada um desses casos, estamos dizendo sim ao pertencer. E esse dizer sim não é apenas um assentimento intelectual; tem profundas implicações morais. Significa, como eu disse antes, agir da maneira como as pessoas agem quando elas se pertencem.

FRITJOF: Isso não seria amor romântico, apaixonar-se.

DAVID: Não, é mais um elevar-se no amor do que um apaixonar-se,* embora o amor romântico também mostre a você quão bem-aventurado é pertencer e agir em conformidade com isso. O amor romântico é um bom exemplo de um sim cheio de alegria! É por isso que a imagem de um saltar brusco, que figura o amor romântico, é uma ilustração do amor em geral, porque nele vivenciamos como é maravilhoso pertencer e agir em conformidade com isso.

THOMAS: Essa é a metáfora fundamental do amor também para a Bíblia, por exemplo, no Cântico dos Cânticos. É também a metáfora fundamental no hinduísmo tântrico: a união de Shiva e Shakti.

FRITJOF: Então, quando você falou anteriormente sobre a experiência religiosa, este já era um modo especificamente cristão de falar sobre isso.

DAVID: Sim, era, porque para nós as experiências de pico, ou experiências religiosas, ou experiências místicas – e todos estes são apenas termos diferentes para uma única realidade básica – também poderiam ser chamadas, em termos cristãos específicos, momentos do Reino. É esse, atualmente, o nosso único acesso a esse estranho termo: Reino. Falamos do reino animal e do reino vegetal, e assim por diante. Desse modo, o Reino de Deus é o nosso modo de pertencer a essa grande realidade cósmica.

FRITJOF: Ao longo dos últimos dez anos, passei a reconhecer a espiritualidade, ou aquilo que você chamaria de experiência religiosa, como o modo de consciência no qual nos sentimos conectados com o cosmos como um todo. Isso está muito perto do que você está dizendo. Mas há uma diferença entre estar ligado a e pertencer a. Pertencer tem, para mim pelo menos, uma coloração afetiva. É ligeiramente diferente.

Conversão

DAVID: Sim, e é aqui que temos de levar esse paradigma de Jesus um pouco adiante. A mensagem de Jesus vai além do Reino. Há uma segunda metade que pertence inseparavelmente ao Reino, e que é a conversão. Conversão significa "viver em conformidade". Portanto, você tem desde o começo uma forte confiança moral no

* David contrapõe aqui a expressão usual para "apaixonar-se" (*falling in love*), que, literalmente, significa "cair no amor", a "elevar-se no amor" (*rising in love*) (N. T.).

cristianismo, mais forte, penso eu, do que em outras religiões. Essa poderia ser uma das marcas características. Mas não é moralista. Conversão significa algo muito diferente daquilo que, com freqüência, é vulgarmente apresentado como tal. Não é o arrependimento por cujo intermédio você pode obter uma compensação pelos seus pecados, que Deus o aceitará. É exatamente o oposto: a conversão resulta da convicção, já implícita na experiência religiosa, *de que você foi aceito*. E agora vive em conformidade com isso! Essa é a pregação de Jesus. Ela está resumida na dupla afirmação de Paulo: "Pela graça – grátis, gratuitamente – fostes salvo" e "Viva uma vida digna desse chamado." O Reino e a conversão são os dois lados de uma mesma moeda.

THOMAS: Quero enfatizar as palavras: "Pela graça fostes salvo." A dimensão moral do cristianismo é sempre conseqüência de uma transformação interior vivenciada como uma dádiva gratuita; não é simplesmente uma questão de força de vontade, de decidir abandonar os maus hábitos e de adotar outros hábitos. É, em vez disso, divinização a partir de dentro, um *datum* de experiência que o cristão compreende como uma ação de Deus dentro da pessoa.

Jesus e Buda

FRITJOF: Eu estava justamente para dizer algo muito semelhante com relação ao budismo. Parece-me que aquilo que você acabou de dizer é que, pela graça ou pela revelação, você pertence ao cosmos, à grande unidade. E então, em conseqüência desse pertencer, você vive em conformidade com isso. A maneira como entendo o budismo é que o caminho para a experiência espiritual, ou para a iluminação, é uma vida moral. Você tem de viver uma vida correta. Buda diz: "Você deve viver de acordo com o Caminho Óctuplo", que é viver de modo correto, pensar de modo correto, falar de modo correto, e assim por diante. Então, se você vive de modo correto, poderá se desprender dos momentos fugazes, e do fato de que tudo morre e está em transição. E então você terá uma revelação espiritual.

DAVID: Você vê nisso uma contradição com a mensagem de Jesus?

FRITJOF: Sim, a seqüência é a oposta.

DAVID: Eu não penso assim. E não baseio essa discordância no meu ponto de vista cristão, mas no meu entendimento do budismo. Naturalmente, posso estar errado nesse entendimento, mas é assim que eu o vejo: eu concordaria com a seqüência que você apresentou, mas sugeriria que o fim é também o princípio. Precisamente porque a harmonia cósmica é um dado, você *encontra* o seu verdadeiro eu sintonizando com essa harmonia.

FRITJOF: Realmente, isso é verdade, pois dizem que você não medita para alcançar o estado de Buda. Você medita porque você é um Buda.

DAVID: Percebe como é íntimo o paralelismo com o ensinamento de Jesus? No nível mais profundo, não há diferença. Há, no entanto, uma enorme diferença histórica. O ambiente todo em cujo âmbito Buda fez essa revelação e o ambiente no qual Jesus o insinuou são muito diferentes. Mas, mesmo assim, há alguns paralelismos históricos. No judaísmo, a situação na qual Jesus surge não é dessemelhante da situação, no hinduísmo, na qual surge Buda.

THOMAS: A situação com a qual Jesus se defrontou foi, em certos aspectos, semelhante à situação histórica da qual Buda emergiu ou que teve de enfrentar – o problema do formalismo religioso e o da manipulação das necessidades religiosas das pessoas comuns por parte de uma casta sacerdotal dominante. Como Buda, Jesus não veio "para destruir, mas para cumprir", e para proclamar que o caminho para a iluminação e para a liberação estava aberto a todas as pessoas. Buda entendia a iluminação como a "percepção" daquilo que eternamente *é*. De maneira semelhante, nas palavras de São Paulo, o paradoxo cristão é: "Torne-se o que você é! Você cresceu com Cristo, ascendeu ao céu com Cristo, subiu ao trono com ele." Para expressar aquilo que somos na mente de Deus, São Paulo usa toda uma série de verbos com o prefixo *syn* em grego, que significa "com, juntamente com" – *con*, em latim. Tudo isso aconteceu, ocorreu; portanto, você deve viver sua vida em conformidade com isso, e, em outras palavras, tornar-se o que você é. O vir-a-ser é uma conseqüência do ser. A graça é também a dádiva da natureza. Até mesmo a divisão... não há divisão.

DAVID: No entanto, eu acho que há uma diferença importante entre a história de Jesus e a história de Buda. Com Jesus, essa idéia do Reino leva a dramáticas implicações sociais. Devido a essa intimidade com Deus, como filhos do Pai, somos também irmãos e irmãs uns dos outros. E, dessa maneira, Jesus vai de lugar em lugar como aquilo que constrói cada um, aquele que constrói a comunidade. As autoridades autoritárias exercem domínio sobre todos.

"Mas, com você, deve ser diferente", diz Jesus. "O maior dentre vocês deve ser o servo de todos." Isto está realmente no âmago de sua mensagem. E isto fez do cristianismo, desde essa época, um fermento na sociedade, um lêvedo para mudanças radicais. Essa é também a razão pela qual Jesus foi condenado à morte. Ele é subversivo para o *establishment* religioso porque ele constrói a autoridade interior das pessoas, ao passo que o autoritarismo a derruba. Ele é igualmente perigoso para o *establishment* político, e isso pela mesma razão. Esse novo entendimento da autoridade está no âmago da mensagem cristã. Ele retrocede até Jesus, o exato ponto de partida do cristianismo.

Mais tarde, depois da sua morte e da sua ressurreição, você passou a ter o cristianismo *sobre* Jesus em vez de ter o cristianismo *de* Jesus. Eu acho que não há uma contradição entre essas duas afirmações, mas há certamente um ponto de vista diferente. Enquanto que Jesus pregava o Reino de Deus, a Igreja, desde o começo, prega Jesus. Isso é ótimo, na medida em que não permitimos que uma devoção particular a Jesus seja substituída pelo desafio social radical do Reino de Deus.

A Trindade

FRITJOF: Eu não esperava que isso nos levasse a falar tanto a respeito da pessoa de Jesus Cristo, mas, uma vez que chegamos a esse ponto, quero perguntar a vocês dois sobre a natureza divina de Jesus e sobre a sua ressurreição. Sempre que vocês falam sobre essas coisas, tenho uma vasta bagagem do passado que me aborrece. Vocês afirmam que Jesus foi um místico que tinha um relacionamento muito íntimo com a Realidade Suprema que vivenciamos na experiência mística ou religiosa, e portanto ele chamou a si mesmo de o Filho de Deus.

DAVID: Ele não se referia a si mesmo dessa maneira. Historicamente, está bem estabelecido que o ensinamento do "Filho de Deus" é *sobre* Jesus Cristo. Ele mesmo simplesmente *atuou* como uma pessoa intimamente ligada a Deus, e, dessa maneira, dotou outras pessoas de poderes para viverem desse modo.

FRITJOF: Ele falou a respeito do "Pai e Eu", certo?

THOMAS: Uma coisa que sabemos sobre o relacionamento de Jesus com Deus é que quando ele fazia as suas orações, dava a Deus um nome que não encontramos nos lábios de nenhum dos seus contemporâneos: ele chamava Deus de Abba, que é a imagem masculina menos patriarcal que pode ser atribuída a Deus. É a menos patriarcal porque significa, em bom português, "papai". Era esta a sua oração: "Abba, papai!"

DAVID: Sabemos, também, historicamente, que ele atribuiu às mulheres uma posição totalmente diferente daquela que elas possuíam na sociedade naquela época.

FRITJOF: Deixe-me perguntar-lhe sobre a natureza divina de Jesus. Se ele diz: "Eu sou Deus", no sentido do místico, do "Tu és Isto", então ele está totalmente alinhado com todos os místicos. Mas esse não é o ensinamento da Igreja. Quando você fala a respeito da Trindade, ele ocupa uma posição especial. Deus aparece em três formas.

DAVID: Deixe-me falar a partir da minha maneira de compreender isto. Você diz que Jesus tem essa intimidade mística com o divino, e, portanto, está perfeitamente alinhado com os místicos. Eu, como um cristão devoto que aceita os dogmas da Igreja, posso ainda dizer que sim, que isso é assim. Isso não contradiz a teologia trinitária, pois nenhuma das afirmações que a teologia faz a respeito de Jesus deve concordar em separar Jesus de nós. O que separa Jesus de nós não é o dogma cristão, mas uma compreensão equivocada e difundida do dogma cristão. Essa compreensão equivocada emana do nosso individualismo – um "ismo" que é incompatível com o ensinamento de Jesus, com a perspectiva da Bíblia e com a compreensão correta do dogma cristão. Dessa maneira, em outras palavras, sim, podemos afirmar todos esses ensinamentos trinitários a respeito de Jesus, mesmo que ele seja a Segunda Pessoa da Trindade.

FRITJOF: Mas como você os afirma?

DAVID: Você afirma que a Trindade inclui você e eu! Isso porque não lhe é permitido falar de Jesus como sendo separado de você.

FRITJOF: Dessa forma, o que é então a Trindade? Eu não compreendo isso, em absoluto. O que é o Deus trinitário?

THOMAS: A razão pela qual a doutrina da Trindade foi formulada, disso estou convicto, a razão fundamental, foi a de garantir a divinização total de cada ser humano em particular. É a isso que chamamos de argumento soteriológico, o argumento fundamental de Santo Atanásio, que foi o grande defensor do Concílio de Nicéia, o primeiro concílio geral da Igreja, no século IV. Para formular a questão de maneira simples, se Jesus não é a Segunda Pessoa da Trindade, então você e eu não somos participantes da natureza divina. "Deus se fez homem para que cada ser humano pudesse tornar-se Deus": este axioma é repetido por Atanásio e por toda uma série dos primeiros mestres cristãos. O tema da divinização está presente na mente de todos os formuladores originais desse dogma.

FRITJOF: Outras tradições também possuem esse tema da divinização. No hinduísmo, por exemplo, diz-se que o ser humano individual (Atman) e a realidade divina (Brahman) são um e o mesmo. "Tu és Isto." Nessas tradições, no entanto, parece que há somente duas entidades, o eu e o divino, enquanto que no cristianismo há três. Por que, então, a Trindade? Por que o Espírito Santo?

DAVID: Você também tem isso no hinduísmo. A partir de um ponto de vista cristão, o Espírito Santo aparece lá quando o hinduísta diz: "Atman é Brahman." Ninguém pode dizer – eu estou parafraseando São Paulo – Atman é Brahman exceto no Espírito Santo. Ninguém pode conhecer a realidade divina a não ser por meio do próprio autoconhecimento de Deus. Nós, efetivamente, compartilhamos do autoconhecimento de Deus no Espírito Santo e por intermédio do Espírito Santo. São Paulo tem uma passagem tremenda na sua primeira epístola aos coríntios: "Nenhum ser humano sabe o que se passa na mente de outro ser humano. Nosso mais profundo conhecimento de nós mesmos não está disponível ao nosso próprio espírito, como ele diz. Apenas o seu espírito conhece a sua profundeza interior e apenas o meu espírito conhece as minhas profundezas. De maneira semelhante, ninguém conhece as profundezas da realidade divina exceto o espírito de Deus. Ora, você poderia pensar que a conclusão dessas duas premissas seria a de que, portanto, nenhum ser humano pode conhecer Deus; se não podemos sequer conhecer outro ser humano profundamente, como podemos conhecer Deus? Mas Paulo dá um salto incrível e diz: "Recebemos o espírito de Deus, de modo que podemos conhecer as dádivas de Deus." Em outras palavras, conhecemos Deus a partir de dentro, compartilhamos do próprio autoconhecimento de Deus. Se compreendemos isso dessa maneira, a Trindade é um modo de falar sobre o nosso relacionamento humano com a realidade divina. É um ensinamento arraigado na nossa experiência mística: Deus é o conhecedor, o conhecido e o conhecer.

A ressurreição

FRITJOF: OK, agora vocês suavizaram as minhas más lembranças ou o meu temor com relação a isso. Mas o que dizer a respeito da ressurreição? Você disse, há pouco, de maneira muito indiferente: "depois da sua morte e da sua ressurreição." No catolicismo que eu aprendi na escola, a ressurreição era considerada como a prova de que Jesus é Deus. Ele se ergueu dentre os mortos.

THOMAS: Isso não é teologia. É apologética. A ressurreição de Jesus como "prova" de sua divindade é teologia do velho paradigma, e nenhum teólogo responsável vai escavar isso para trazê-lo hoje à tona.

O pensamento do novo paradigma apresentaria o problema desta maneira, muito aproximadamente: A experiência que Jesus teve de se erguer dentre os mortos é uma experiência incomunicável; pertence apenas a ele. O que os seus discípulos vivenciaram foi o fato de Jesus se fazer presente a eles de uma nova maneira, diferente de sua presença física antes da morte, mas não menos real. Vendo que Jesus ressuscitara, os discípulos compreenderam que também eles tinham ressuscitado e que ressuscitariam dentre os mortos com ele e nele. Em outras palavras, eles conheceram Jesus como "primícias dos que adormeceram", o princípio e a causa de uma nova humanidade, de uma humanidade ressuscitada. E assim, temos o grande argumento de São Paulo, que disse: "Como pode você falar sobre Jesus como ressuscitado se nós *todos* não ressuscitarmos dentre os mortos?"

FRITJOF: Portanto, isso é a mesma coisa que ser Deus.

THOMAS: É análogo a isso. O ponto importante é que as expressões mais antigas da fé cristã estavam centralizadas no evento que se seguiu à morte de Jesus na cruz, e que é a chave para se compreender a sua morte como o poder salvador de Deus tornado manifesto. A realidade de um grande mestre, de um ser maravilhoso e amorável, sendo submetido à pena capital com base em acusações ambíguas, pode não constituir, possivelmente, para qualquer ser humano inteligente, uma manifestação do poder salvador de Deus. É uma manifestação da violência e da brutalidade humana, da ignorância, e não a manifestação do poder salvador de Deus. Mas torna-se tal graças a uma experiência que é inenarrável, que é, basicamente, indefinível, e certamente mística: a experiência, feita pelos discípulos, de Jesus como Aquele que se Ergueu.

DAVID: Como você se sentiria se eu afirmasse da seguinte maneira: Antes de mais nada, não é relevante falar sobre a morte e sobre a ressurreição de Jesus – como, infelizmente, sempre se faz – sem falar sobre a sua vida.

THOMAS: Bem, veja só, a crucificação simplesmente põe fim a uma bela vida. Porém, não a comunica. A experiência de ver e de tocar Jesus ressuscitado convenceu seus discípulos de que aquela bela vida não era algo que eles pudessem apenas relembrar; era também algo que se tornou parte deles, que eles mesmos poderiam viver. Em outras palavras, o Reino torna-se Jesus através da ressurreição.

DAVID: Eis por que a vida de Jesus é tão importante. Na própria maneira como Jesus vive ele assume, no mundo, uma postura anti-autoritária, e essa postura emana da sua intimidade mística com Deus. Olhando para Jesus, vemos como vive alguém que tem essa intimidade mística com Deus, alguém que diz sim ao pertencer ilimitado. É isto o que ele vive. Se alguém vive dessa maneira, na espécie de mundo que criamos, será esmagado ou, de uma maneira ou de outra, crucificado. Agora, surge a questão: "É esse o fim?" O ensinamento da ressurreição é a afirmação de que não é o fim. Essa espécie de surgir para a vida não pode ser extinta. Ele morreu, ele realmente morreu, e vede, ele vive!

Onde ele vive? Não cometamos o engano de dizer: ele está aqui ou ali. Não. Uma resposta cristã da época primitiva, raramente citada, é esta: ''Sua vida está escondida em Deus.'' Paulo não diz isso nessas palavras; ele diz: ''*Nossa* vida está escondida *com Cristo* em Deus.'' Mas isso implica que a vida de Cristo está escondida em Deus. A presença de Deus neste mundo está oculta, e, no entanto, é a coisa mais palpável para qualquer pessoa que viva com percepção plena. A presença de Deus está em toda parte; no entanto, é uma presença oculta. Jesus morreu, e, no entanto, ele está vivo, e sua vida está escondida em Deus. Ele também está vivo em nós. Não há maneira de apontar com o dedo e dizer: ''Olhe!'' ou ''Zap! Ele saiu do túmulo.'' Ressurreição não é revivificação; não é sobrevivência; não é uma questão de dizer: ''Lá está ele!'' É uma realidade oculta, mas é uma realidade, e nós podemos viver no vigor do seu poder. E isso é tudo o que precisamos saber sobre a ressurreição.

III

A atual mudança de paradigmas (Comentários gerais)

FRITJOF: Eu gostaria de acrescentar alguns comentários gerais e algumas perguntas gerais sobre a mudança de paradigma na ciência e na teologia. Até onde isso diz respeito ao velho paradigma, penso que ele tem duas raízes principais. Uma é a ciência mecanicista, a ciência do século XVII, desenvolvida por Galileu, por Descartes, por Newton, por Bacon e pelos seus contemporâneos. A outra é o sistema de valores patriarcal que, naturalmente, deriva de atitudes patriarcais, de padrões de comportamento e de crenças muito mais antigas. E as duas estão muito intimamente entrelaçadas.

O novo paradigma pode ser chamado de holístico, enfatizando o todo mais do que as partes, ou pode ser chamado de ecológico, e é este, efetivamente, o termo que eu prefiro.

Holismo e ecologia

FRITJOF: Na verdade, enfatizei recentemente que é importante conhecer a diferença entre holístico e ecológico. Uma visão de mundo ecológica é holística, mas é mais do que isso. Não só olha para alguma coisa como uma totalidade, mas também para o modo como essa totalidade está embutida dentro de totalidades maiores. Isso é especialmente importante quando se estudam sistemas vivos – organismos vivos, ecossistemas, e assim por diante – mas também pode ser aplicado a coisas não vivas. Por exemplo, a visão ecológica de uma bicicleta implicaria vê-la como um todo – o estado de inter-relação funcional de todas as suas partes – e também perguntar: "De onde vem a borracha para os pneus? De onde vem o metal? Qual é o efeito sobre o meio ambiente de se andar de bicicleta?" E assim por diante. Isso encaixa o todo em todos maiores.

Essa é uma diferença muito importante e, devido ao fato de ela ser tão importante para o novo paradigma, prefiro chamá-la de ecológica.

Ecologia e religião

FRITJOF: O termo *ecológico* tem um outro aspecto que é extremamente relevante aqui para nós. A percepção ecológica e a consciência ecológica vão muito além da ciência e, no nível mais profundo, elas se juntam à percepção religiosa e à experiência religiosa. Isso devido ao fato de a percepção ecológica, no nível mais profundo, ser uma percepção da interligação e da interdependência fundamentais de todos os fenômenos e desse estado de encaixamento no cosmos. E, naturalmente, as noções de estar embutido no cosmos e de pertencer ao cosmos são muito semelhantes. É nesse ponto que a ecologia e a religião se encontram. E é também por isso que o pensamento do novo paradigma na ciência tem esses paralelismos surpreendentes com o pensamento nas tradições espirituais; por exemplo, os paralelismos com o misticismo oriental, que explorei em *O Tao da Física.* A visão de mundo que emerge atualmente da ciência moderna é uma visão ecológica, e percepção ecológica em seu nível mais profundo é percepção espiritual ou religiosa. E é por isso que o novo paradigma, no âmbito da ciência e ainda mais fora dela, é acompanhado por um novo aumento de espiritualidade, que é, em particular, uma nova espécie de espiritualidade, centralizada na terra.

Ecológico e ecumênico

DAVID: Concordamos nesse ponto. Quero assinalar outro paralelismo interessante. Onde você diz "ecológico", dizemos "ecumênico". Isso não é apenas um jogo de palavras; é a verdade mais profunda segundo a qual, em ambos os casos, temos a intuição de um lar terrestre, pois a raiz de ambos os termos é a palavra grega *oikos*, "morada".

FRITJOF: Quais são as implicações?

THOMAS: Bem, *oikos* refere-se ao mundo habitado, a morada da humanidade.

DAVID: Refere-se ao "Lar Terrestre", como Gary Snyder o chama.

FRITJOF: Somente ao reino humano?

DAVID: Não, não. Queremos enfatizar um pertencer mais amplo, não restrito aos seres humanos.

FRITJOF: Qual é a diferença, então, entre ecológico e ecumênico? É uma diferença puramente convencional, o fato de um ser utilizado pelos teólogos e o outro por cientistas?

THOMAS: Há uma diferença, e é mais do que convencional. A ênfase no "ecológico", como eu o entendo, é o sentido de pertencer à totalidade maior do universo físico, da Terra, como um sistema vivo total, enquanto que o "ecumênico" está focalizado no nosso pertencer a uma cultura global. Penso, talvez, que há um certo "antropocentrismo" do lado teológico, mas não no sentido de domínio do "homem" sobre a natureza. A preocupação dos teólogos é chegar ao mais alto vínculo comum da humanidade em muitos níveis diferentes: o nível vital de simplesmente viver e pertencer ao universo, mas também o nível da cultura, onde há valores universais, expressos numa enorme variedade de maneiras, mas comuns a toda a humanidade.

FRITJOF: Este é um ponto importante. Os ecologistas têm freqüentemente uma tendência para ser biologísticos, no sentido de que têm uma tendência para negligenciar a cultura, isso porque os ecossistemas não têm cultura. A cultura é um fenômeno humano. Os ecologistas tendem a negligenciar a dimensão cultural do Lar Terrestre. Assim, é muito bom saber que "ecumênico" diz respeito a isso. Talvez tenda a negligenciar o outro lado, o biológico. Certamente, ambos são necessários.

DAVID: Tantas vezes quantas possíveis, tento usar o termo Lar Terrestre. É uma expressão muito boa. Ecumênico e ecológico são termos um tanto abstratos, como se ficassem assentados lá do lado de fora; porém, no momento em que você diz Lar Terrestre, você capta a coisa. Você conhece um poema curto de D. H. Lawrence chamado "Pax"? É significativo que ele o tivesse chamado de "Pax", pois a Pax

Benedictina da Idade Média manteve o mundo unido como um Lar Terrestre, pelo menos da maneira como era então entendida. Eis o que diz o poema:

Pax

Tudo o que importa é ser um só com o Deus vivo
ser uma criatura na casa do Deus da Vida.
Como um gato adormecido numa cadeira
em paz, na paz
e um só com o mestre da casa, com a anfitriã,
no lar, no lar da casa do vivo,
dormindo junto à lareira e bocejando diante do fogo.

Dormindo junto à lareira do mundo vivo,
bocejando em casa diante do fogo da vida
sentindo a presença do Deus vivo
como uma grande confiança
uma profunda calma no coração
uma presença
como a de um mestre sentado à mesa
em seu ser próprio e maior,
na casa da vida.

FRITJOF: É lindo.

DAVID: É tudo intuição, não há nele muito cérebro esquerdo. Mas tudo o que importa está aí.

THOMAS: A teologia também está aí. A poesia é um meio plenamente apropriado para o discurso teológico.

Teoria sistêmica

THOMAS: Não sei onde colocar isso, é tão elementar, mas a clareza do termo às vezes me escapa, o termo *teoria sistêmica*. O que é exatamente teoria sistêmica?

FRITJOF: Fico muito contente por você ter perguntado isso, pois eu o deixei de fora. Eu disse que queria chamar o novo paradigma de paradigma ecológico. E, para mim, a teoria sistêmica é a formulação científica da visão de mundo ecológica.

Deixe-me apresentar um esboço histórico muito breve. Uma raiz importante da teoria sistêmica está na cibernética. A década de 40 viu a criação da cibernética. Outra raiz corresponde mais a uma filosofia sistêmica. Ludwig von Bertalanffy foi a grande figura nesse desenvolvimento. Derivando da cibernética, surgiram duas escolas de pensamento, sendo ambas teorias sistêmicas. Uma delas é a escola associada a John von Neumann, que foi um gênio matemático, o inventor do computador, autor de um livro muito importante sobre mecânica quântica e de muitos outros escritos. Essa escola de pensamento é ainda teoria sistêmica mecanicista; envolve mecanismos muito sofisticados, mas lida com sistemas de entrada-saída, e criou o modelo dos organismos vivos como máquinas de processamento de informações.

A outra escola está associada a Norbert Wiener, e parte do conceito de auto-organização. Considera os sistemas vivos como auto-organizadores. Nas décadas de 40 e de 50, e nas décadas que se seguiram, a escola de John von Neumann foi predominante, graças ao pleno sucesso da cibernética, ao desenvolvimento dos computadores, esses sistemas de entrada-saída, e a elaborações semelhantes. A escola de pensamento auto-organizadora sofreu um hiato e permaneceu adormecida até que foi revivida no início da década de 60. Hoje, ela é a mais instigante das escolas de pensamento quando aborda os sistemas vivos. A auto-organização, em outras palavras, a autonomia, é considerada a marca do contraste da vida, e essa noção é explorada em vários contextos, no nível das células (Humberto Maturana, Francisco Varela), no nível da família (a escola da terapia familiar de Milão) e no nível da sociedade (Niklas Luhmann).

DAVID: Sabemos que os sistemas vivos estão embutidos em outros sistemas vivos maiores. O que você poderia chamar de o maior dos sistemas? O que você poderia falar a respeito dele?

FRITJOF: Até onde isso diz respeito à ciência atual, e até onde isso diz respeito a uma definição de vida, o maior sistema vivo é a Terra. É esta a Hipótese Gaia, segundo a qual a Terra é um sistema vivo. O Sistema Solar não é considerado um sistema vivo pela maioria das pessoas. E, então, quando se vai além do Sistema Solar, para a galáxia e para o universo como um todo, você deixa as ciências da vida, exceto nos casos de algumas especulações muito controvertidas. Portanto, eu diria que o maior sistema para o qual há cientistas que concordam em usar o adjetivo "vivo" é o planeta.

Novo pensamento e novos valores

FRITJOF: Também gostaria de lhes mostrar um padrão notável e um tanto surpreendente da mudança de paradigma, uma conexão entre pensamento e valores. Verifica-se que o velho pensamento e os velhos valores são coerentes, estão entrelaçados muito intimamente. E, de maneira correspondente, o novo pensamento e os novos valores também estão intimamente entrelaçados.

Em ambos os casos, pensamento e valores, há uma mudança de ênfase da auto-afirmação para a integração. Esta é a melhor maneira que encontrei para caracterizar esses grupos de modos de pensamento e de valores.

No pensamento, a mudança tem sido do racional para o intuitivo. O pensamento racional consiste em compartimentalizar, distinguir, categorizar. Isso está, em grande medida, ligado à noção toda do eu como categoria distinta, e, portanto, claramente auto-afirmativa. A análise é esse método de distinguir e de categorizar, e tem havido uma mudança de análise para síntese; uma mudança de reducionismo para holismo, do pensamento linear para pensamento não-linear.

Até onde isso diz respeito a valores, você tem uma mudança de competição para cooperação – o que corresponde, com muita clareza, a uma mudança de auto-afirmação para integração; de expansão para conservação; de quantidade para qualidade; de dominação para participação (como enfatizou Riane Eisler).

Ora, se você considerar isso do ponto de vista sistêmico, do ponto de vista dos sistemas vivos, compreenderá que, estando todos os sistemas vivos encaixados em sistemas maiores, eles possuem essa natureza dual que Arthur Koestler chamou de natureza de Janus. Por um lado, um sistema vivo é um todo integrado, com sua própria individualidade, e tem a tendência para se auto-afirmar e para preservar essa individualidade. Como parte do todo maior, ele necessita integrar-se nesse todo maior. É muito importante compreender que essas tendências são opostas e contraditórias. Precisamos de um equilíbrio dinâmico entre eles, e isso é essencial para a saúde física e mental. Os chineses captaram isso com grande poder intuitivo. Para levar uma vida saudável, você precisa se auto-afirmar e você precisa se integrar.

Penso que, cultural e socialmente, você pode dizer que o pêndulo oscilou entre essas duas tendências. Por exemplo, a Idade Média foi caracterizada por muita integração, mas também por falta de auto-afirmação.

DAVID: Ênfase excessiva na integração.

FRITJOF: Mas depois, com a Renascença, tem-se a emergência da individualidade. A seguir, ela se intensificou ainda mais no século XIX, e, mais tarde, especialmente aqui na América do Norte, você tem uma ênfase excessiva na individualidade – a ética do caubói, o individualismo grosseiro, e assim por diante.

A emergência da individualidade deu nascimento ao individualismo em todo o mundo ocidental, mas você tinha o socialismo como uma contratendência. Isso acabou indo longe demais nos países socialistas, que agora estão procurando um equilíbrio. O humanismo, naturalmente, é a palavra-chave para a emergência da individualidade. E assim, Gorbachev e vários filósofos marxistas antes dele falaram a respeito de um "novo humanismo". Em Praga, em 1968, Dubcek introduziu um "socialismo com face humana". De maneira semelhante, E. F. Schumacher falava de uma tecnologia com face humana, porque a tecnologia tinha se tornado demasiado opressiva.

Adotei essa interação entre essas tendências, auto-afirmação e integração, como meu arcabouço para falar sobre valores na sociedade contemporânea, na qual se pode constatar, de maneira consistente, uma ênfase excessiva da auto-afirmação e uma negligência da integração.

A outra conexão importante é com o sistema patriarcal de valores, pois os valores e os modos de pensamento auto-afirmativos são modos masculinos. Se isso é biológico ou cultural é uma questão muito capciosa, e eu não quero avançar nesse terreno. Porém, na maioria das culturas, e, certamente, na nossa, os modos de pensamento auto-afirmativos e os valores auto-afirmativos estiveram associados com homens, com masculinidade, e a eles foi conferido poder político.

THOMAS: Você diria que, como meios de conhecimento, as teorias associadas com a auto-afirmação proporcionam resultados diferentes daqueles associados com a integração? Em outras palavras, você chega a um conteúdo diferente de conhecimento, dependendo do modo de pensamento que você utiliza? Se você utilizar o modo racional analítico-reducionista-linear, aprenderá certas coisas sobre a natureza, mas não aprenderá outras. Ao passo que se você utilizar o modo intuitivo-sintético-holístico-não-linear, aprenderá outras coisas.

FRITJOF: Sim, mas você também precisa compreender que não pode utilizar apenas um. Na ciência, você sempre necessita de ambos.

DAVID: Não há outro termo que você poderia utilizar em vez de "racional", para indicar o oposto polar de "intuitivo"?

THOMAS: Penso que o termo mais próximo seria tipos de conhecimento conceituais e não-conceituais. Há também uma conceitualização intuitiva, mas os conceitos são formados com maior freqüência graças ao processo racional, como fruto do raciocínio dedutivo.

DAVID: Sou muito sensível a um perigo implícito em expressar isso dessa maneira; a saber, que você identifica intuitivo com irracional, e fazê-lo seria terrivelmente errado.

FRITJOF: Deixe-me dizer a vocês o que eu entendo por isso sem recorrer a nenhum desses termos e chegaremos a algo. O modo auto-afirmativo é uma maneira de pensar que categoriza, que divide, que desmonta, que delineia. O outro é um modo de perceber padrões não-lineares, uma síntese de um padrão não-linear. Intuição, para mim, é uma percepção imediata do todo, de uma *gestalt*.

DAVID: A própria palavra *intuição* significa que você "olha para dentro".* Você olha de maneira tão profunda que percebe uma coerência interior. Mas é uma maneira perfeitamente racional de lidar com a situação.

FRITJOF: Não, eu não a chamaria de racional, porque não posso falar a respeito dela. Para mim, racional é aquilo sobre o qual você pode falar.

THOMAS: Então, talvez você deva chamá-la não de racional, mas de discursiva.

DAVID: ...discursiva e intuitiva, eis um belo par de termos opostos! Agora estou satisfeito.

Façamos a pergunta com relação ao que nos diz respeito: há também, na teologia, uma mudança geral, no pensamento e nos valores, da auto-afirmação para a integração? Minha resposta intuitiva é: "Sim!" Enfaticamente, sim. Vejamos se alguma análise provará que essa intuição é correta.

THOMAS: Penso que, a partir de vários pontos de vista diferentes, isso poderia ser confirmado na discussão teológica contemporânea. Por uma razão: a confiança apologética e polêmica da maior parte da teologia Escolástica-Positiva tende a sugerir

* David serve-se aqui da identidade fonética entre "look *into it*" (olhar dentro dele) e "*intuition*" (intuição) (N. T.).

o modo auto-afirmativo. Ao passo que a orientação ecumênica da maior parte da teologia contemporânea, ou do novo paradigma da teologia, sugere o modo integrativo. Em outras palavras, a fidelidade autêntica de uma pessoa à sua própria tradição requer uma compreensão plena e aberta de outras tradições.

DAVID: Além disso, mais especificamente, há essa mudança de proposições teológicas para a narração de histórias. Originalmente, todas as revelações teológicas eram histórias antes de se tornarem proposições. Por que não as transformamos novamente em histórias? Muitas pessoas fazem hoje essa pergunta. Isso significa uma mudança do discursivo para o intuitivo – a história é intuitiva; do analítico para o sintético – a história é sintética; do reducionista para o holístico – pois a história é uma totalidade, maior que a soma total de suas partes.

THOMAS: Naturalmente, você não desejaria limitá-la ao gênero literário narrativo. Você também poderia dizer que há uma mudança do proposicional para o poético ou metafórico.

DAVID: Sim, ou do abstrato para o vivencial. Tudo isso se encaixa.

FRITJOF: A narração de histórias, a propósito, foi o modo preferido de Gregory Bateson, que foi uma das figuras-chave no desenvolvimento do pensamento sistêmico. Bateson se apresentava essencialmente como um contador de histórias. Sua maneira de mostrar a ligação entre vários padrões consistia em lançar mão de uma história.

Missão

DAVID: Então, quanto aos valores, um bom exemplo para a mudança de paradigma seria, a meu ver, a atividade missionária. O trabalho missionário costumava ser quase sinônimo de competição, de expansão, de dominação, de ênfase masculina na quantidade – quantas pessoas podemos batizar quando nos apressamos em fazê-lo?

FRITJOF: E o que é missão agora?

DAVID: Passou por uma enorme crise nas décadas recentes. Há muito poucos missionários hoje que tentariam girar no sentido contrário ao dos ponteiros do relógio. Basicamente, a palavra-chave hoje é *testemunho*, e não proselitismo.

THOMAS: Testemunho e diálogo. Em outras palavras, nossa presença entre essas pessoas e entre suas religiões, especialmente na Ásia, é uma presença de diálogo.

FRITJOF: Então, o objetivo missionário não é mais converter as pessoas ao catolicismo?

THOMAS: Não. Na verdade, nunca o foi. O objetivo do missionário é ser uma testemunha da boa nova do plano universal de Deus para a salvação. "Conversão" não é algo que o missionário faz; ela é unicamente uma ação de Deus dentro do coração daquele que compreende que "esta é uma boa nova *para mim*!"

DAVID: Há hoje grupos inteiros de missionários que se dirigem a lugares onde sabem que não farão conversões.

THOMAS: Há uma missão de uma ordem religiosa que exclui explicitamente a pregação, a conversão e o batismo: é a das Missionárias da Caridade de Madre Teresa. Sua missão é exclusivamente a obra de amor. Em outras palavras, ela quer que suas irmãs dêem o testemunho de sua fé somente por meio da oração e das obras de amor.

FRITJOF: O que significa "dar o testemunho de sua fé"?

THOMAS: Tornar conhecida a sua fé não apenas pregando-a, mas, acima de tudo, vivendo-a. Como vê, a diferença entre o testemunhar e o pregar, com as leves nuanças negativas que a pregação possa ter, é que o testemunhar não é projetado através do meu ego. Em outras palavras, simplesmente estou presente a fim de permitir que uma grande verdade brilhe através de mim. No final, desapareço, e a verdade segue brilhando naqueles para quem estou presente.

DAVID: Por favor, saiba que essa não é uma maneira sub-reptícia de induzir outros a se alistarem como cristãos. É simplesmente um testemunho da nossa humanidade comum. Esse testemunho é sempre necessário. Hoje, somos sensíveis aos grandes erros que os missionários fizeram no passado e às grandes falhas do colonialismo ocidental que seguiam de mãos dadas com a missão. Mas estamos prontos a fechar os olhos às sérias falhas de muitas sociedades às quais os missionários se dirigiram. Admiro a integridade cultural dessas sociedades. Porém, elas foram com freqüência escravizadas por sistemas que haviam suprimido o seu potencial humano. Estas não são coisas a respeito das quais se costuma falar muito atualmente, mas, com toda a justiça, merecem ser mencionadas. Nesse contexto, missão significa que você dá testemunho da dignidade humana, como Jesus o fez. Jesus não estava fazendo proselitismo; ele estava libertando. Ele deu testemunho da dignidade de cada ser humano em particular no ambiente específico do seu tempo e do lugar onde viveu. A tarefa da missão cristã continua sendo fazer isso.

FRITJOF: Agora, para alguém como Madre Teresa, ou qualquer uma dessas missionárias que não pregam nem batizam, qual é o seu propósito em testemunhar na Ásia ou na África? Por que não fazem isso exatamente aqui?

DAVID: Elas também fazem isso aqui. Elas fazem isso em todos os lugares.

FRITJOF: E também aqui elas chamam a si próprias de "missionárias"?

DAVID: A palavra "missionária" significa simplesmente "pessoas que são enviadas". De acordo com os Evangelhos, Jesus envia seus discípulos porque eles estão repletos de entusiasmo pela nova vida que ele lhes descortina. Quando você fica entusiasmado com relação a algum bom filme a que assistiu, você se torna uma espécie de missionário de Fellini ou de Ingmar Bergman entre os seus amigos e colegas.

FRITJOF: Nesse caso, por que você seria enviado à Tailândia como missionário católico?

DAVID: Você pode ser enviado a qualquer lugar onde haja opressão, exploração, miséria humana. Por exemplo, membros de um grupo chamado os Pequenos Irmãos de Jesus e as Pequenas Irmãs de Jesus vivem aqui na América do Norte e em muitas outras partes do mundo, nos bairros pobres, junto aos oprimidos, aos pobres. Eles espalham alegria, mas não têm permissão para pregar.

FRITJOF: Nesse caso, a idéia não é ir à Tailândia, porque lá nunca ouviram falar do cristianismo, mas ir à Tailândia se lá houver uma determinada situação opressora, e para se inserir nessa situação.

THOMAS: Para se inserir como portador da boa nova do Reino de Deus. A maneira como isso deverá ser feito, e a maneira como relacionaremos missão a diálogo, ainda permanecem, na Igreja, questões em aberto no presente estágio da mudança de paradigma.

O que é novo no "novo" paradigma?

DAVID: Quando falamos sobre o velho paradigma na ciência ou na teologia, em ambos os casos não estamos falando sobre o mais velho dos paradigmas. O assim chamado novo paradigma é, na verdade, uma recuperação da nossa intuição mais antiga.

FRITJOF: Sim, mas é mais do que isso. A mudança do paradigma social, a mudança social e cultural, é mais do que apenas uma recuperação. Se você comparar a visão de mundo holística emergente na nossa época e a visão de mundo holística da Idade Média, você reconhecerá muitos paralelismos fascinantes. O paradigma cartesiano, que chamamos hoje de velho paradigma, emergiu através da Renascença, foi formalizado por Descartes e por Newman, e estava em contradição com grande parte do paradigma medieval. Agora, estamos recuperando alguns dos aspectos do paradigma medieval e de paradigmas mais antigos, mas há também algo de novo.

DAVID: E como você caracterizaria esse novo elemento?

FRITJOF: Até onde isso diz respeito à situação cultural, posso ver dois novos elementos principais. Um deles é o perigo da destruição, que é muito maior nos dias de hoje do que jamais o fora anteriormente. Há uma possibilidade real de nos aniquilarmos, se não mudarmos para o novo paradigma. A mudança de paradigma é, agora, realmente uma questão de sobrevivência para a raça humana. O outro novo aspecto é um aspecto positivo. É a perspectiva feminista. Dessa perspectiva, simplesmente, nunca se cogitou antes.

DAVID: É provável que se olhássemos mais detalhadamente, poderíamos encontrar outros aspectos novos. Por exemplo, o fato de que, graças à mobilidade e às comunicações, somos, agora, globais.

FRITJOF: Sim, a percepção global, a percepção da interdependência global. Esse é também um novo elemento, e é muito recente.

THOMAS: Até onde isso diz respeito à teologia, a dialética entre o novo e o velho é um tanto diferente daquela que se verifica na ciência. Você disse, David, que aquilo a que chamamos de o novo paradigma teológico é a recuperação de nossas intuições mais antigas. Isso é verdade, e é também onde a ciência e a teologia são metodologicamente distintas. O desenvolvimento de novos paradigmas teológicos não requer a falsificação dos "velhos", assim como o adulto não implica a falsificação da criança. Mas, como dizia São Paulo: "Agora, deixei atrás de mim os modos infantis." A tentativa de retornar a velhas teologias – e atualmente muitos eclesiásticos de altos postos estão tentando fazê-lo – falsifica essas velhas teologias. Ensinar catolicismo do século XVI no final do século XX é trair a verdade que, efetivamente, encontrou expressão daquela maneira há quatrocentos anos.

IV

Critérios para o pensamento do novo paradigma na ciência e na teologia

FRITJOF: Eu gostaria agora de discutir aquilo que, mais especificamente, entendemos por pensamento do novo paradigma na ciência e na teologia. Tentei identificar cinco critérios do pensamento do novo paradigma, ou do pensamento sistêmico, na ciência, que, segundo creio, valem para todas as ciências – as ciências naturais, as ciências humanas e as ciências sociais. Formulei cada critério em termos da mudança do velho paradigma para o novo paradigma, e vocês identificaram cinco critérios correspondentes do pensamento do novo paradigma na teologia. Eu gostaria agora de analisar em detalhe cada um desses cinco critérios.

1. Mudança das partes para o todo

FRITJOF: Na ciência, o primeiro critério do novo paradigma é a mudança das partes para o todo. No velho paradigma, acreditava-se que, em qualquer sistema complexo, a dinâmica do todo poderia ser entendida a partir das propriedades das partes. No novo paradigma, a relação entre as partes e o todo é invertida. As propriedades das partes podem ser entendidas somente a partir da dinâmica do todo. Em última análise, não há partes, em absoluto. Aquilo que chamamos de parte não passa de um padrão numa teia inseparável de relações.

THOMAS: No lado teológico, há uma mudança correspondente das partes para o todo. No velho paradigma, acreditava-se que a soma total de dogmas, todos eles, basicamente, de igual importância, acrescentava-se à verdade revelada. No novo paradigma, a relação entre as partes e o todo é invertida. O significado de cada dogma só pode ser entendido a partir da dinâmica da revelação como um todo. Em última análise, a revelação enquanto processo é um bloco único. Cada dogma expressa revelações particulares relativas à automanifestação de Deus na natureza, na história e na experiência humana.

DAVID: Concordo.

FRITJOF: Essa é uma das coisas sobre as quais eu quero falar. A mudança que foi tão dramática na física na década de 20 foi uma mudança da visão do mundo físico como uma coleção de entidades separadas para a visão de uma rede de relações. O que chamamos de parte é um padrão, nessa rede de relações, que é reconhecível, porque possui certa estabilidade. Portanto, focalizamos nossa atenção sobre ela e podemos, então, delineá-la aproximadamente e dizer: "É isto o que eu chamo de célula", ou de átomo. Mas o fato decisivo é que, todas as vezes que você delineia essa parte e a separa do restante, você comete um erro. Você isola do todo algumas das interligações, física ou conceitualmente, e diz: "Isto é agora o que eu chamo de parte. Sei que ela está ligada deste e daquele modo ao resto, mas não posso levar em consideração todas essas ligações, pois isto se torna complicado." Portanto, elimino algumas delas no processo de delinear a parte.

DAVID: Você tem de fazer isso por razões didáticas.

FRITJOF: Sim, e a estabilidade do padrão permite que você faça isso. Ora, no velho paradigma também se reconhecia que as coisas estão inter-relacionadas. No entanto, conceitualmente falando, você tinha de início as coisas com suas propriedades, e, a seguir, havia mecanismos e forças que as interligavam. No novo paradigma, dizemos que as próprias coisas não possuem propriedades intrínsecas. Todas as propriedades fluem de suas relações. É a isso que me refiro quando falo em entender as propriedades das partes a partir da dinâmica do todo, pois essas relações são relações dinâmicas. Desse modo, a única maneira de entender a parte é entender a sua relação com o todo. Essa descoberta, que ocorreu na física na década de 20, é também uma descoberta fundamental da ecologia. Os ecologistas pensam exatamente dessa maneira. Eles dizem que um organismo é definido pelas suas relações com o restante.

THOMAS: Com relação às partes, você disse que, em absoluto, não há partes?

FRITJOF: Não há partes *isoladas*.

DAVID: É a palavra que eu ia sugerir; talvez se possa enfatizar aqui a palavra *isolada*. Também deveríamos acrescentar uma pequena nota de rodapé referente à relação entre o todo e as partes em teologia. Aqui, trata-se da relação entre o processo de revelação e os dogmas. O termo técnico *analogia fidei* projeta luz nessa relação.

THOMAS: *Analogia fidei* (literalmente, "a analogia da fé") é o princípio segundo o qual você não pode falar a respeito de qualquer proposição de fé sem implicar todas as outras. O entendimento de uma parte, de uma doutrina ou de um ensinamento nunca ocorre isolado do todo. O significado está no todo; não está num silogismo ou numa sentença afirmativa ou no que quer que seja.

DAVID: Isso é notável, não é? Quase sugere um modelo holográfico de teologia.

FRITJOF: Sim, e também me faz lembrar da teoria *bootstrap* na física das partículas, que afirma que cada partícula, num certo sentido, contém todas as outras.

THOMAS: Não há nada de particularmente novo a respeito desse princípio. Esta é uma pedra angular da teologia da Idade Média, mas hoje tem um peso especial.

A posição dos seres humanos na natureza

FRITJOF: Quanto a isso, eu gostaria de abordar a relação entre os seres humanos e a natureza. Nesse ponto, uma distinção muito útil emergiu durante as duas décadas passadas, a distinção entre ecologia profunda e ecologia superficial. Na ecologia superficial, os seres humanos são colocados acima da natureza ou fora dela, e, naturalmente, essa perspectiva condiz com a dominação da natureza. Supõe-se que o valor reside nos seres humanos; dá-se à natureza apenas um valor de uso ou um valor instrumental. Quanto aos ecologistas profundos, eles vêem os seres humanos como uma parte intrínseca da natureza, como nada mais que um fio em especial no tecido da vida.

DAVID: Sua distinção entre ecologia profunda e ecologia superficial é útil e é muito importante lembrá-la. Surge agora a pergunta: "Qual é então a nossa posição particular como seres humanos na natureza?" Parece-me que temos um lugar e uma função particulares no seu âmbito. Cada criatura tem o seu próprio lugar e a sua própria função, e nós também temos os nossos. Eu gostaria de lhe perguntar como a palavra *responsabilidade* poderia lhe convir para descrever a nossa função particular na natureza. Essa palavra se sugere por si mesma porque somos os únicos responsáveis pelo que está acontecendo. Os falcões peregrinos não são responsáveis pelo fato de estarem ameaçados. Os seres humanos são responsáveis. Mas somos igualmente responsáveis por fazer alguma coisa para salvar espécies ameaçadas.

FRITJOF: Deixe-me dizer, de início, que eu considero toda essa questão do antropocentrismo e do papel dos seres humanos na natureza muito desafiadora e muito difícil.

Da maneira como entendo os ecologistas profundos, e teóricos sistêmicos como Francisco Varela, por exemplo, eles diriam que cada espécie tem características especiais, que você não pode, em absoluto, dizer que uma espécie é "superior" ou que ela é "inferior". Varela diz que não pode nem mesmo falar sobre uma complexidade superior, porque a complexidade tem muitos aspectos. Num aspecto, obviamente, o organismo humano é muito complexo. Num outro aspecto, os insetos são muito complexos. Desse modo, cada espécie tem suas próprias características especiais. Metaforicamente falando, as abelhas diriam que elas são o ponto mais alto da criação, e os cães diriam o mesmo de sua espécie, e é isso o que afirmamos sobre a nossa espécie.

Parece-me que isso cria problemas, ou desafios, tremendos para os teólogos, porque na teologia convencional sempre se considerou que os seres humanos estavam acima e fora da natureza, destinados a dominá-la.

DAVID: Da maneira como eu entendo, isso é meramente um elemento cultural da tradição cristã; não é fundamental para a sua mensagem.

FRITJOF: Mas você sabe do que estou falando.

DAVID: Sim, sei perfeitamente. Eu poderia lhe dar exemplos terríveis, tirados, em particular, da versão popularizada dessa visão.

À imagem de Deus?

FRITJOF: Então, o que significa dizer que o homem foi criado à imagem de Deus? Os animais, aparentemente, não foram criados à imagem de Deus. Ou foram? Adão deu nomes a eles, e foi-lhe dado o domínio sobre eles. Vocês conhecem toda essa história. Como poderiam recontá-la em termos da teologia do novo paradigma? Talvez pudéssemos começar focalizando a noção de uma alma imortal, que, no meu entender, é uma característica exclusivamente humana, de acordo com a teologia cristã. Supõe-se que os seres humanos têm uma alma imortal, e que os animais e plantas não a têm.

THOMAS: Mais uma vez, quem diz isso?

FRITJOF: Meu professor de religião, quando eu estava na escola.

DAVID: No novo paradigma, a compreensão correta dessa história é a de que todas as coisas são criadas pelo alento de Deus. "Dais o Vosso alento a todas as criaturas e elas vêm à vida."

THOMAS: "E renovais a face da Terra. Se retirais o Vosso espírito, elas morrem." Salmo 104.

DAVID: Assim, "o espírito de Deus", o seu alento, "enche o universo inteiro e mantém todas as coisas juntas". Esta é uma afirmação bíblica; desse modo, todas as plantas e todos os animais, todas as coisas, estão cheias do sopro vital de Deus. Isso é explicitamente enunciado no caso dos seres humanos, pois, antes de mais nada, é a nós que a mensagem foi dirigida, e é em nós mesmos que podemos conhecê-la a partir do nosso íntimo. Nós, seres humanos, estamos vivos com a própria vida de Deus, e podemos conhecer Deus, e veremos Deus face a face.

FRITJOF: Portanto, o espírito de Deus, ou a alma, não é uma característica distintiva dos seres humanos.

DAVID: Não em termos bíblicos. Essa é uma noção filosófica que apareceu muito mais tarde. O conceito de uma alma imortal no sentido corrente não é estritamente bíblico.

FRITJOF: E quanto à imortalidade e à vida após a morte?

THOMAS: Apenas um livro da Bíblia, no Velho Testamento, fala sobre a imortalidade da alma. Trata-se da *Sabedoria* de Salomão, que, por sinal, não é reconhecido nem mesmo pelos eruditos judeus e nem pelos protestantes. Faz parte do "cânone" católico romano das Escrituras; mais precisamente, é chamado deuteronômio, um livro inspirado, que se acrescentou à Bíblia hebraica depois que ela foi traduzida para o grego.

DAVID: É uma gotícula, e até mesmo a ressurreição de Jesus tem muito pouco, se é que tem algo, que ver com a imortalidade da alma. Esta é uma noção grega. Penetrou na tradição cristã através da filosofia grega.

FRITJOF: Mas a ressurreição é algo nitidamente humano, não é? As plantas não ressuscitam.

THOMAS: Pelo contrário. É o velho paradigma que afirma que seus animais de estimação não irão para o céu. Essa afirmação é uma das coisas mais terríveis já ditas às crianças! Isso não é teologia. É bagagem cultural, é uma coleção toda de bugigangas que não é teologia.

FRITJOF: Então, como você interpreta o credo que fala sobre a ressurreição da carne e a vida eterna? Isso é comumente entendido como sendo um futuro exclusivamente humano, a salvação.

DAVID: Mas somente na opinião popular. Corretamente entendido, significa renovação cósmica.

FRITJOF: Pode dizer alguma coisa mais a respeito disso?

DAVID: Antes de mais nada, devemos levar a morte muito mais a sério do que ela foi levada no passado. Muitas coisas que têm sido ditas a respeito da imortalidade da alma não são bíblicas. Foram introduzidas posteriormente vindas de outras tradições filosóficas e nos atiraram para fora do caminho. Quero levar a morte tão a sério como a leva a Bíblia, particularmente aquele que chamamos de Velho Testamento, a Bíblia hebraica. Quando você morre, está morto. O tempo acabou para você; portanto, não há nada "após" a morte. Morte é, por definição, aquilo após o que nada mais existe. O tempo acabou; o seu tempo se esgotou. O tempo de outra pessoa pode continuar, mas o seu tempo acabou. Não há mais um "depois" para você.

E no entanto nós passamos, mesmo agora, antes da morte, por momentos importantes que não estão no tempo. Esses momentos estão, como diz T. S. Eliot, "dentro e fora do tempo". Experimentamos aqui e agora realidades que estão além do tempo. Nesses momentos, o tempo é vivenciado como uma limitação. Mas quando o tempo se esgotou para mim, quando o tempo acabou, tudo o que está além do tempo permanece. Não está sujeito a mudança. Subsiste. Quando minha vida está, finalmente, completa, é como uma fruta que cai da árvore. Não prosseguirei, incessantemente e para sempre, fazendo coisas. Assim como nos momentos *desta* vida em que eu me sinto mais vivo, fora do tempo eu terei tudo o que está ligado a esta vida de uma só vez. Fora do tempo, eu possuo a minha vida. E uma vez que tudo está ligado a tudo neste "Agora que não acabará nunca mais", nós temos tudo. Quando o tempo não nos separar mais, teremos todos aqueles a quem amamos, inclusive todos os animais e todas as plantas.

FRITJOF: Porque não estaríamos na nossa plenitude se esta já não estivesse lá.

DAVID: Certo. Mesmo assim, ainda se trata, na melhor das hipóteses, de uma maneira desajeitada de falar sobre essa plenitude, sobre o paraíso e sobre a "visão bem-aventurada", nos quais, como cristão, eu acredito.

FRITJOF: O que você acaba de dizer soa mais ou menos como a idéia do *bodhisattva* no budismo, não é? O *bodhisattva* torna-se iluminado quando todos os outros seres sensíveis são iluminados.

DAVID: Sim, tem relação. A SUNY publicou uma excelente antologia sobre *The Christ and the Bodhisattva* [Cristo e o Bodhisattva], editada por Steven Rockefeller. Nesse contexto vale a pena ler esse livro.

THOMAS: Ainda não li esse livro, mas, com base no meu conhecimento do cristianismo e do budismo, eu diria que esse é um bom exemplo de como o diálogo entre duas religiões pode tornar manifesto o que de melhor ambas possuem. O cristianismo, em suas origens e em seu desenvolvimento, elaborou detalhadamente as conseqüências sociais de sua doutrina espiritual. Alguns budistas disseram-me que essa dimensão do cristianismo, embora não esteja ausente em fontes budistas, os ajudou a desenvolver seu senso de responsabilidade para com a sociedade humana e para com a Terra, bem como sua consciência das possibilidades do budismo como um catalisador para mudanças sociais. Da nossa parte, posso reconhecer na sensibilidade cósmica do budismo e do hinduísmo um estímulo para nós, para que possamos descobrir nas nossas Escrituras e na nossa tradição a consciência do cosmos não-humano como parte do plano de salvação de Deus. "Oh, Deus, que salvas os seres humanos e os animais!", diz o Salmo 36, um dos grandes textos místicos do saltério bíblico; "Em ti está a fonte da vida; na tua luz vemos a luz." Na tradição cristã, penso que todos reconheceriam São Francisco de Assis como um santo "ecológico". Ele mostrou, na vida e na poesia, como os seres humanos podem não só ser responsáveis pelo cosmos não-humano, mas também como podem dialogar com ele e responder a ele.

FRITJOF: Mas, se a alma imortal não é a característica distintiva da humanidade, qual é, no novo paradigma, a versão da criação e o papel dos seres humanos na natureza?

THOMAS: Há muitas diferentes formulações dessa idéia na Bíblia. Por exemplo, no Capítulo 8 da epístola de São Paulo aos romanos, ele diz que toda a criação geme esperando pela revelação dos filhos de Deus, e nós, também, gememos com as angústias do nascimento. Estamos todos atados nessa condição comum que é considerada dolorosa. Em outras palavras, não se trata de uma guerra dos seres humanos contra a natureza, mas, em vez disso, da consciência comum de algo maior do que todos nós, de algo que está para nascer, que está para se tornar manifesto, no final dos tempos, no fim da história. O modelo que está na base do Capítulo 8 da epístola aos romanos não é o mesmo que está subentendido no Capítulo I do Gênesis. Há também o tema do Jardim do Paraíso no Cântico dos Cânticos, o simbolismo da nova criação na segunda parte de Isaías, e assim por diante. Você tem todo o tipo de afirmações diferentes a respeito da criação na Bíblia, e não apenas uma.

FRITJOF: Para atingir o fim desse tópico num tempo razoável, eu ficaria muito contente apenas com uma reformulação, sem quaisquer notas de rodapé, sobre o papel do ser humano na natureza em termos do pensamento do novo paradigma.

THOMAS: O que atualmente seria mais enfatizado é o simbolismo em Isaías: "O leão se deitará junto ao cordeiro. A criancinha porá sua mão no covil das víboras." Eis um projeto para a humanidade de hoje. A verdadeira posição humana é aquela onde há total harmonia, onde a atitude humana é a da criança, de total ingenuidade. Como as crianças se relacionam com a natureza? Elas não sabem o que é temer a natureza, nem sabem como dominá-la. A atitude instintiva das crianças para com os animais, com as plantas e as árvores é a curiosidade; elas procuram alcançá-los, querem tocá-los, desejando usufruir da beleza disso tudo.

DAVID: Será que eu o entendo corretamente? Seria a nossa posição humana uma posição de responsabilidade, no final das contas? Deveremos restaurar o nosso mundo transformando-o num reino pacífico, concretizando o mito do Paraíso?

THOMAS: Em vez de trabalhar duramente para restaurar um Paraíso mítico, a nossa tarefa – é o que Isaías parece estar dizendo – é dar boas-vindas à nova era que Deus, a "fonte da vida, em cuja luz vemos luz", está iniciando. A profecia do leão e do cordeiro está intimamente ligada à profecia do nascimento: "Vede, uma virgem conceberá e dará à luz uma criança, e ela o chamará de Emanuel, Deus-conosco." Primeiro, damos as boas-vindas à dádiva de um novo nascimento; depois, agimos em conformidade com isso.

FRITJOF: Eu ainda gostaria de ouvir de você, David, como vê a posição humana na natureza.

DAVID: Bem, deixe-me tentar. Antes de mais nada, como alguém passa a saber a respeito dessas coisas, inclusive os escritores da Bíblia? A partir da nossa experiência humana. Onde você e eu sentimos que somos feitos à imagem e semelhança de Deus? Nos nossos melhores momentos, os mais cheios de vida, nos nossos momentos de pico, pois toda a nossa noção de Deus provém desses momentos. Descobrimos aí o que entendemos por Deus, se queremos utilizar esse termo. Vivenciamos o fato de que pertencemos a Deus. O nosso verdadeiro eu é o eu divino. Esse conhecimento está ancorado no misticismo. A Bíblia transmite essa verdade sob a forma de uma história, em termos belos e míticos: somos terra, feitos de terra, respirando o divino sopro vital.

A seguir, vem a parte em que somos colocados no Jardim "para o cultivar e guardar". É aí que entra o senso de responsabilidade. Administração, em vez de dominação exploradora, é o ponto crucial dessa passagem. Infelizmente, o Livro do Gênesis tem sido mal interpretado e mal utilizado para justificar uma porção de coisas destrutivas. Corretamente entendido, o Gênesis diz que Adão é colocado no Jardim para cultivá-lo e para protegê-lo. Portanto, é essa a nossa responsabilidade.

A metáfora do jardineiro

FRITJOF: Vamos explorar um pouco mais essa metáfora do jardineiro. O jardineiro está, certamente, num certo sentido, acima do jardim ou do lado de fora dele. Não faz parte do jardim. Lembro-me de uma definição bastante espirituosa de erva daninha, feita por um jardineiro francês. Ele disse: "Uma erva daninha é alguma coisa que eu não plantei." Portanto, o jardineiro está, definitivamente, do lado de fora do jardim.

DAVID: Sim, eu diria que o jardineiro é visto como separado do jardim. Mas essa visão é o resultado da Queda. A nossa Queda, como é descrita nessa história, pode ser entendida como a separação que afasta o jardineiro do jardim. Antes disso, ele não sabia que estava nu. Essa idéia de nudez tem pouco que ver com sexualidade; é a experiência da separação; eu aqui e todo o mundo ali olhando para mim.

Essa é a condição na qual nos encontramos, alienados do cosmos. Mas no Paraíso somos apresentados como uma parte integral do todo, estamos em casa no cosmos.

FRITJOF: Mas pouco antes você disse que o ser humano, ou Adão, é colocado no jardim para cultivá-lo e para protegê-lo. Isso foi antes da Queda.

DAVID: Sim, mas a posição do jardineiro não deve ser identificada com uma separação entre jardineiro e jardim.

FRITJOF: Espere um momento. Quando você diz ''cultivá-lo e protegê-lo'' você tem a separação entre jardim e jardineiro.

DAVID: Distinção, e não separação. Afinal, a laranjeira é diferente da macieira. O coelho é diferente do pé de couve; neste último caso, um até come o outro. Cada um faz o que lhe é próprio. E aquilo que nós, seres humanos, fazemos é cultivar e proteger a natureza. É aqui que eu volto novamente à palavra *responsabilidade*.

FRITJOF: Ainda não estou satisfeito com essa explicação, pois você poderia dizer que o excremento dos coelhos também ''cultiva'' o jardim, por assim dizer, fertilizando o solo. Quando você examina ecossistemas, você vê por toda parte relações simbióticas, você tem um intercâmbio contínuo de matéria, trilhas cíclicas, e assim por diante. O que você observa então é que os ecossistemas cultivam a si próprios e protegem a si próprios. Do ponto de vista científico, essa é a verdadeira marca do contraste da vida – a auto-organização. Portanto, o jardim não precisa de ninguém para cultivá-lo nem para protegê-lo, a não ser agora, pois o emporcalhamos terrivelmente. Portanto, é agora que temos a responsabilidade de cultivá-lo e de protegê-lo.

DAVID: Bem, tente imaginar o seu mito da criação, paralelo a esse sobre o qual falamos. Imagine-se colocado nesse jardim, que é o cosmos. O que você faria nele?

FRITJOF: Necessariamente, eu seria integrado nele, porque eu comeria outros seres vivos, e acabaria sendo comido por eles. Eu seria parte da cadeia alimentar. Apanharia vários materiais, e os utilizaria e cultivaria para construir o meu lar, para me vestir e para me alimentar, para zelar pelos meus filhos, como todo mundo faz. Assim, não seria diferente em nada. *Exceto* – agora chegamos à verdadeira diferença – pelo fato de que eu desenvolveria a minha *auto*consciência. Eu seria capaz de refletir sobre mim mesmo, e desenvolveria a linguagem como um fenômeno social. E com a linguagem criaria, junto com meus companheiros humanos, a noção de um objeto, conceitos, símbolos e cultura.

DAVID: Essa é a parte da história na qual Adão dá nomes aos animais. Você acaba de descrever essa parte. E agora temos de ver se não há, na sua experiência no jardim conforme você está se projetando nele algo que corresponda ao ato de cultivar e de proteger o jardim.

Talvez essas palavras sejam, em grande medida, apenas um obstáculo psicológico. Vou reformular a minha pergunta. Você está nesse jardim. Poderia imaginar-se colocando fertilizantes em volta de certas árvores frutíferas, uma vez que você sabe que elas lhe darão frutos melhores se você assim o fizer? Devo pensar que isso seria tipicamente humano. Ora, isso seria, a meu ver, justamente cultivar e proteger o jardim, nem mais nem menos. Seria apenas fazê-lo crescer bem, e ainda de modo perfeito, compatível com o ecossistema.

FRITJOF: Veja, é a isso que Bateson chama de consciência propositada; trata-se de uma faca de dois gumes. Como seres humanos, com o nosso intelecto, a nossa autoconsciência, a nossa linguagem simbólica, e tudo o mais, podemos fazer projetos para o futuro. Podemos não só colocar um pouquinho mais de fertilizante à direita do que à esquerda, o que os animais provavelmente também podem fazer, mas podemos efetivamente fazer projeções para daqui a vinte anos e dizer: "Aqui plantarei alguma coisa que daqui a vinte anos também produzirá alguma coisa." Portanto, é essa parte da nossa consciência que nos fará agir de modo diferente. E se ela resolver se entusiasmar exageradamente e destruir a sabedoria ecológica que compartilhamos com todas as outras criaturas, então estaremos em apuros. E é assim que entramos em apuros. E é então que a responsabilidade entra em cena.

DAVID: Nesse sentido, talvez a responsabilidade só apareça mais tarde.

FRITJOF: Talvez a responsabilidade seja precisamente o ato de *temperar* o intelecto racional, o pensamento linear, por meio da sabedoria ecológica intuitiva.

THOMAS: Enquanto eu ouvia o que você estava dizendo sobre a metáfora jardim-jardineiro, continuo em dúvida quanto à necessidade de continuarmos insistindo no modelo do jardineiro como essencial à visão cristã, ou judeu-cristã, do lugar ocupado pelo ser humano no universo. O profeta Isaías nos vê, não como jardineiros envolvidos em atividades propositadas, mas como crianças empenhadas em brincar. E ser criança não significa ser irresponsável ou não fazer nada; significa responder às vozes da criação, fazer eco a essas vozes e prestar atenção ao seu chamado.

DAVID: Sim, responsabilidade é sensibilidade, a capacidade de dar uma resposta apropriada.

FRITJOF: E o fato de a resposta ser ou não apropriada não é um problema para a maioria das espécies, porque elas *têm* a resposta apropriada. Não há nada de não-apropriado na maneira como os pássaros e como as plantas respondem ao seu meio ambiente. Mas uma resposta humana pode não ser apropriada, pois temos uma consciência que tem um fim em vista e, com ela, essa capacidade para destruir a natureza e, portanto, para destruir a nós mesmos.

DAVID: Penso que agora você realmente pôs o dedo na ferida. É claro que não precisamos destruir a natureza, mas podemos fazê-lo. Outras criaturas não podem. Somente nós, seres humanos, temos o terrível poder de agir dessa maneira.

Liberdade

FRITJOF: Certo. E, naturalmente, é também aí que entra a nossa liberdade.

DAVID: Sim. E a liberdade é o lado positivo.

FRITJOF: Portanto, liberdade e responsabilidade caminham juntas.

DAVID: Exatamente. É esse o ponto básico. É parte da nossa experiência; não devemos romper a ligação que existe entre liberdade e responsabilidade.

FRITJOF: Portanto, nossa responsabilidade enquanto jardineiros seria a de nos religarmos com o jardim, porque nos separamos e nos colocamos acima da natureza.

DAVID: E isso foi um aspecto da Queda.

FRITJOF: E não somente isso, pois também – como eu diria? – secularizamos o jardim e fizemos dele apenas uma máquina.

DAVID: Nós o des-espiritualizamos.

FRITJOF: Num certo sentido, nós o matamos.

DAVID: Sim, pois o espírito é que dá vida.

THOMAS: O espírito dá vida, e o espírito humano – seja com "consciência propositada" seja com "consciência lúdica" – *pode* dar vida. A destruição do meio ambiente não começa com a separação entre jardineiro e jardim, mas com o fato de o jardineiro começar a ver o jardim como uma máquina, sujeita à vontade operativa do ser humano no assento do motorista.

Poderíamos recuar um pouco até o tópico da liberdade humana? Irmão David, talvez você possa dizer um pouco mais sobre isso.

Individualidade e pessoalidade*

DAVID: Em conexão com a nossa liberdade, será útil distinguir entre indivíduo e pessoa. Um *indivíduo* é definido por aquilo que o distingue de outros indivíduos; há tantos ovos nesta cesta; há tantos indivíduos nesta população.

Uma *pessoa* é definida pelo relacionamento que estabelece com outros, com outras pessoas e com outros seres em geral. Nascemos como indivíduos, mas a nossa tarefa é nos tornarmos pessoas, graças a relacionamentos mais profundos e mais intricados, mais altamente desenvolvidos. Não há limite para o tornar-se mais verdadeiramente pessoal.

* Um motivo que justificaria a introdução desta palavra inusitada, *personhood* (utilizada várias vezes a partir daqui), para expressar a "condição de pessoa", em vez de se lançar mão, para isso, da palavra *personalidade*, está sem dúvida no fato de esta última, via de regra, se limitar ao âmbito psicológico do ego – o que é evidenciado pela sua etimologia, *persona* (máscara, em latim) – ao passo que na noção de "pessoa" que os autores desenvolvem "não há limite para o tornar-se mais verdadeiramente pessoal". (N. T.)

Desse modo, o desafio à nossa liberdade seria o de personalizar o universo. Antes da nossa chegada, o mundo ainda não é pessoal. Adão encontra no Jardim um meio ambiente impessoal, mas agora ele pode torná-lo pessoal. Sua ação de dar nomes aos animais é um aspecto dessa atividade personalizadora.

FRITJOF: Isso é ainda muito mais forte entre as tradições nativas norte-americanas, onde eles não apenas dão nomes, mas também atribuem efetivas relações de família a todas as coisas vivas.

DAVID: Isso é lindo. E esses mitos são a nossa herança humana comum. Eles nos dizem o que significa ser humano.

FRITJOF: Frances Moore Lappé disse uma coisa muito significativa. Quando você define uma pessoa, ou uma pessoalidade, por meio dos seus relacionamentos com os outros, diz ela, isso então significa que o meu crescimento pessoal não é um obstáculo ao seu. Pelo contrário, ele o enriquece. Se sou capaz de me relacionar mais com todas as coisas ao meu redor, você lucrará com isso, porque então eu posso me relacionar mais com você, e isso será o seu crescimento, e vice-versa.

A idéia política convencional de liberdade, diz ela, é a de um quarto espaçoso. Se eu cresço, então você tem de diminuir, o que é newtoniano: onde está um objeto, outro não pode estar. Mas a visão sistêmica de crescimento e de liberdade é a de um enriquecimento mútuo. Não há limite para esse enriquecimento. Não se trata de um jogo com soma zero.

THOMAS: A noção de liberdade política considerada como um caso do paradigma newtoniano me fascina. O contraste com o conceito de liberdade nos Evangelhos é surpreendente. A liberdade política envolve a ação de empurrar os outros para o lado a fim de abrir espaço para você. Mas a liberdade segundo o ensinamento de Jesus se manifesta, acima de tudo, na de si mesmo. "A si mesmo se esvaziou, assumindo a forma de um servo" (Filipenses 2). João Batista disse: "Ele deve crescer, enquanto que eu devo diminuir."

DAVID: Essa idéia tem, igualmente, uma implicação negativa, que você não mencionou. A diminuição de qualquer outro também diminui a mim. Isso também é algo que deve ser lembrado no nosso mundo.

FRITJOF: A esta altura, poderíamos tentar ligar aquilo que dissemos sobre a natureza humana e sobre o papel dos seres humanos no cosmos com a mudança de percepção de objetos para relações, que é uma característica geral do pensamento do novo paradigma. Na verdade, isso agora, pela primeira vez, ficou claro para mim. A maneira como agora posso perceber isso é que desenvolvemos a nossa pessoalidade, a nossa verdadeira natureza por intermédio dos nossos relacionamentos com outras pessoas, mas isso não é peculiar aos seres humanos. Isto se aplica a todos os seres vivos e, diria eu, até mesmo aos padrões da matéria inanimada. As características internas de qualquer padrão na natureza não são realmente internas, em absoluto. Não são características intrínsecas, mas são definidas por meio das relações com o restante do meio ambiente. Assim, o fato de que a nossa verdadeira natureza surge de nossas relações não nos torna seres humanos especiais ou distintos de outros sistemas vivos. O que nos torna especiais é a nossa capacidade para a auto-reflexão, que traz consigo as linguagem, os conceitos, o pensamento abstrato. Além de nossas grandes realizações intelectuais, o pensamento abstrato nos proporcionou a tendência para fazer projeções, linearmente, sobre longos períodos de tempo, e essa estreita ação propositada, infelizmente, nos leva com freqüência a destruir nosso meio ambiente e, em conseqüência, a destruir a nós mesmos.

DAVID: Mas também nos tornou capazes de reconhecer propósitos em contraposição a significados. Somos capazes, não só de adquirir ciência, mas também sabedoria; não só de manipular o funcionamento da natureza, mas também de viver a nossa vida em harmonia com ela.

FRITJOF: Sim. Significado é contexto. É a maneira como as coisas se encaixam no todo maior.

DAVID: É ver cada parte em relação com o todo. E as palavras-chave são ainda *liberdade* e *responsabilidade*. Podemos usar ou abusar do nosso pensamento abstrato, enquanto que as outras criaturas ao nosso redor, até onde posso perceber, não têm essa liberdade, para o melhor ou para o pior.

FRITJOF: A partir do ponto de vista da teoria sistêmica, os sistemas vivos são auto-organizadores, e isso significa que são autônomos. Essa autonomia é relativa, e aumenta gradualmente à medida que a complexidade aumenta. Nós, seres humanos, temos um tipo especial de liberdade, que é a liberdade do nosso mundo interior de conceitos, e é esse tipo de liberdade que nos leva a transtornos.

THOMAS: Sei que não é isso o que você quer dizer, Fritjof, mas penso que algumas pessoas consideram a nossa liberdade de conceitos e de escolhas conscientes como a fonte do mal. Por elas, deveríamos retornar a um estado de consciência "primitivo". Mas não é essa a saída. O transtorno surge, não da complexidade de nossas mentes, mas da maneira como utilizamos a liberdade que nossa capacidade para conceituar o universo nos dá.

Deus e natureza

FRITJOF: Agora que esclarecemos nossas concepções sobre a natureza humana, eu gostaria de mudar o assunto da conversa para a natureza de Deus, e especialmente para o contraste entre a idéia de um Deus imanente e a de um Deus transcendente. Penso que isso é muito importante para a nossa comparação entre teologia e ciência.

Mencionei a principal discussão que vigora no pensamento teológico atual, que se centraliza na diferença entre ecologia profunda e ecologia superficial. Um dos pontos-chave nessa discussão é o papel dos seres humanos *vis-à-vis* à natureza. A ecologia superficial vê os seres humanos como situados acima ou fora da natureza, enquanto que a ecologia profunda vê os seres humanos como um fio em particular, como um dentre muitos outros fios, na teia da vida. Penso que a questão de Deus na natureza, de Deus na criação, está relacionada com isso, especialmente devido ao fato de se supor que a natureza humana é uma imagem de Deus. Desse modo, as relações entre os seres humanos e a natureza, e entre Deus e a criação, parecem ser paralelas.

O que sempre tenho ouvido a respeito do cristianismo, e o que Gregory Bateson também enfatizava, é que o cristianismo, embora monoteísta, é também dualista na sua perspectiva básica, porque separa Deus da criação. Seu Deus é transcendente, permanecendo em oposição à criação, ou dominando a criação. Ele criou o mundo *ex nihilo*, no princípio, e depois sempre permaneceu separado da criação, e sempre transcendente em relação a ela.

Também tenho ouvido, com freqüência, que os místicos falam sobre a sua experiência de um Deus imanente, algo como o *Deus sive natura* (Deus = Natureza) de Spinoza. Parece que esta seria mais a posição dos ecologistas profundos, de uma teologia ecológica profunda, se você a pode chamar assim.

DAVID: Podemos fazer com que esta palavra, *Deus*, sirva a vários propósitos. Se a tomamos, como estávamos nos esforçando por fazer, num sentido que os porta-vozes representantes de todas as tradições teístas podem concordar, então não podemos dizer: Deus igual a Natureza. Falamos a respeito de um fenômeno de horizonte quando falamos a respeito de Deus. O horizonte é parte inseparável da paisagem. Não pode haver uma paisagem sem um horizonte, nem um horizonte sem uma paisagem. Mas o horizonte não é a paisagem. O horizonte recua à medida que você caminha em direção a ele e ele continua sendo o horizonte.

THOMAS: Com relação à avaliação de Gregory Bateson de que o cristianismo postula um arcabouço dualista, eu sugeriria que esse não é realmente o conceito teológico genuíno de transcendência divina. Não é que Deus esteja lá em cima e o universo aqui em baixo. A imagem de horizonte é excelente, porque sugere um contexto cujas fronteiras estão continuamente recuando. Eu também sugeriria que a transcendência de Deus é uma transcendência para dentro. Santo Agostinho invoca Deus chamando-o *Deus intimior intimo meo*; "Ó Deus, mais perto de mim do que eu estou de mim mesmo, mais íntimo de mim do que o meu próprio âmago." Portanto, é um centro de criação que recua continuamente, que está oculto dentro da criação, um centro que está em toda parte, mas cuja circunferência não está em parte alguma. A transcendência está igualmente associada com o tema do *Deus absconditus*, o Deus escondido, como no Capítulo 45 de Isaías: "Sois, na verdade, um Deus escondido, ...que formou a terra e a fez para que fosse habitada." O Deus escondido de Isaías é o criador do Lar Terrestre.

DAVID: Mais uma vez, ao associar isso à nossa experiência, da qual provém a afirmação de Santo Agostinho, sentimos a nossa realidade mais íntima, que está mais próxima de nós do que nós estamos de nós mesmos, como algo que, de certa forma, não é simplesmente nós mesmos, mas que vai além de nós mesmos, assim como o horizonte recua quando nos aproximamos dele.

FRITJOF: Penso que é por isso que os psicólogos dão a essa experiência o nome de experiência transpessoal, pois ela vai além do pessoal.

DAVID: Eu diria, provisoriamente, que aquilo que chamamos hoje de transpessoal está mais próximo daquilo que a tradição realmente entendia por transcendente do que aquilo que a versão popularizada de transcendência sugere: alguma dimensão etérea acima e além da experiência comum.

FRITJOF: Isto se ajusta com o que dissemos antes, quando você apresentou Deus como o supremo ponto de referência da experiência religiosa. No entanto, se eu afirmar: "O universo é Deus", isso também é transcendente, porque transcende a mim. Portanto, isso realmente não responde à pergunta. Se você considerar a criação como um todo, seria Deus o âmago, o alicerce da criação, o espírito da criação, a consciência da criação, ou algo semelhante a isso, ou seria Deus algo que vai além de toda a criação? Penso que essa é a questão. Eu uso a palavra *criação* como um termo teológico; não a usaria se estivesse me dirigindo a outras pessoas. Em outras palavras, se defino o cosmos, ou o universo, simplesmente como tudo o que existe, a pergunta é: "Isso inclui Deus, ou Deus está além de tudo o que existe?"

DAVID: Não tenho nenhuma resposta apropriada para essa pergunta. E se a tivesse, não gostaria de tentar respondê-la a partir de fora. A resposta tem de ser encontrada na nossa própria experiência. Temos de ser capazes de conhecer essas coisas a partir de dentro, e não porque alguém nos diz que é assim. Esse é o princípio. Nem sempre pode ser possível realizá-lo, mas, em princípio, é dessa maneira que fazemos nossos os ensinamentos de uma determinada tradição. Eles precisam estar vivencialmente ancorados.

Agora, vamos chegar à nossa própria experiência da realidade. Digamos que você apanha um seixo. Você tem uma coisa, mas, por assim dizer, também tem um horizonte. Percebe o que eu quero dizer? Tente fazer isso alguma vez. Pegue um seixo e sente-se, olhando para ele durante alguns momentos. Ele tem um horizonte. Quando você realmente começar a vê-lo, compreenderá que a sua silhueta se delineia contra algo que não é visto. Você pode fazer essa experiência com outros objetos, mas um seixo é uma boa coisa com que começar. Se você olhar para esse seixo durante um tempo suficientemente longo, você, de certa forma, experimentará o fato de que cada coisa é vista contra um pano de fundo constituído de "nada". Você sempre percebe coisa e nada ao mesmo tempo. Se você não percebesse o nada, não veria a coisa. Ora, esse nada sugere o que queremos dizer quando falamos a respeito de Deus. Deus é não-coisa.* É por isso que Deus não é natureza. Deus é o nosso horizonte, o horizonte de não-coisa que cerca todas as coisas. E essa não-coisa é muito mais importante para nós do que todas as coisas do mundo juntas, porque não-coisa é *significado*. Significado não é uma coisa; é não-coisa, nada. E Deus, como Fonte de todo significado é... bem, lembro-me do que John Cage diz: "Cada coisa [*something*] é uma celebração do nada [*nothing*] que o sustenta."

* Trocadilho entre "*no-thing*" (não-coisa, nenhuma coisa) e *nothing* (nada) (N. T.).

FRITJOF: Mas, então, se eu considero isso no contexto da percepção da realidade do novo paradigma como uma rede interconexa, na qual qualquer objeto é definido destacando-o do restante, posso tomar no mesmo sentido a sua meditação sobre o seixo. Você destaca o seixo do restante, e, na experiência cotidiana, você pensaria sobre ele como uma entidade separada; mas se você realmente meditar e refletir sobre isso, pode ser levado a vivenciar o contexto e, a seguir, também o seixo contraposto a esse contexto. Mas qual é esse contexto do qual você o destacou? É o restante do universo. Assim, se você o chama de Deus...

DAVID: Não, esse é apenas um nível. Apresentei o experimento com o seixo como uma ilustração. Mas o seixo pode servir de exemplo a tudo o que existe – a tudo. E tudo é percebido por nós como alguma coisa somente porque nós delineamos a sua silhueta contra o nada. E esse nada é aquilo a que nos referimos quando falamos a respeito de Deus como a fonte do significado. Isso porque vivenciamos – e, novamente, estou continuamente recorrendo à experiência, é tudo o que importa – vivenciamos na vida somente dois tipos de encontros. Encontramos alguma coisa [*something*] ou nada [*nothing*]. E esse nada do qual estou falando é significado. Isso é muito mais importante para nós do que alguma coisa [*anything*, *any-thing*]. Significado é não-coisa, e, no entanto, a vida sem significado, com todas as coisas do mundo, não vale a pena ser vivida.

FRITJOF: Esse nada, essa não-coisa, soa a mim como o conceito budista de *shunyata*.

DAVID: Certo! O que os budistas chamam de *shunyata* chega o mais perto que alguém pode chegar da noção de Deus como horizonte. Qualquer cristão que esteja dialogando com budistas deve se sentir perfeitamente à vontade aceitando *shunyata* como uma concepção que aponta para Deus. Afinal, até mesmo o termo *Deus* só aponta para Deus. Você nunca pode dizer a respeito do horizonte: ''Lá está ele'', pois ''ele'' nada é. Quando você conversa com budistas no âmbito desse terreno comum da não-coisa, você pode falar com eles sobre Deus. Experimentei isso mais de uma vez. Quando os budistas reconhecem que você aceita *shunyata*, o vazio, o nada, como esse horizonte ao qual chamamos de Deus, a coisa engrena. Você continua a falar a respeito dessa ''Realidade Suprema'', evitando cuidadosamente usar o termo *Deus*, mas, de repente, seu responsivo budista começa a usar esse termo muito à vontade. Não há mais problemas. Nós nos encontramos no terreno vivencial do *shunyata*; o restante é apenas uma questão de termos, você sabe.

O importante é o que queremos dizer, o significado. Fazemos uso dos termos meramente para apontar para esse domínio do significado. E se o nome Deus tem algum significado, ele aponta para a fonte do significado, para esse nada que dá significado a tudo.

Deveríamos enfatizar que, na teologia do novo paradigma, o cosmos, Deus e os seres humanos estão inter-relacionados. Raimundo Panikkar, que é uma espécie de teólogo dos teólogos, chama a isso de princípio cosmoteândrico. *Cosmos*, *theos*, *anthropos*. Em outras palavras, você não pode falar a respeito de Deus exceto no contexto do cosmos e dos seres humanos. Você não pode falar sobre os seres humanos exceto no contexto de Deus e do cosmos. Você não pode nem mesmo falar sobre o cosmos a não ser no contexto de Deus como o horizonte e dos seres humanos como os observadores. Todos os três pertencem conjuntamente. Essa é a base para o que chamamos de novo paradigma em teologia.

THOMAS: Aquilo que Panikkar chama de princípio cosmoteândrico é parte da base, junto com um modelo teológico que, sem ser anti-racional, atribui o mais alto posto àquilo que a tradição cristã primitiva chama de discurso apofático ou "negativo" a respeito de Deus. O novo paradigma teológico é tanto holístico como apofático. Considera Deus como o horizonte do universo, mas também como o Outro indizível.

FRITJOF: Agora, deixe-me comentar sobre essa metáfora do horizonte. À medida que você se move, o horizonte muda, e portanto ele não é, na realidade, alguma coisa absoluta. É um conceito que muda.

DAVID: Isso também implica o que Dionísio, o Areopagita, um dos mais influentes escritores místicos que viveu no começo do século VI, dizia: "No final de todo o nosso conhecimento, conheceremos Deus como o desconhecido." Ele não diz: "Oh, não se aborreça com isso, você jamais conhecerá Deus." Na verdade, conheceremos Deus, mas o conheceremos como o desconhecido. A analogia é obviamente tirada da amizade: quanto mais você conhece um amigo, mais você o conhece como incognoscível, como um mistério. Esse conceito de mistério não se refere àquilo que nos mistifica, porque *ainda não* o apreendemos; mas se refere àquilo que *nunca* podemos apreender porque é inexaurível, tão inexaurível como a própria vida. Rilke nos fez lembrar que a vida não era um problema para ser solucionado, mas um mistério para ser vivido.

FRITJOF: No âmbito do arcabouço que você acaba de expor, como então responderia à pergunta: "É Deus imanente ou transcendente?" Você pode respondê-la usando esses dois termos?

DAVID: Sim, já fiz isso antes, meio em tom de brincadeira, mas não posso dizê-lo melhor: A transcendência de Deus é a tal ponto transcendente que ela transcende até mesmo a nossa noção de transcendência, e é, portanto, perfeitamente compatível com a imanência. Há de novo aqui um paradoxo.

FRITJOF: Mas a transcendência refere-se à experiência. Será que eu o estou entendendo corretamente? A transcendência de Deus transcende toda a nossa experiência.

DAVID: Sim. Ou melhor, a nossa experiência transcende todos os nossos conceitos, até mesmo o conceito de transcendência.

THOMAS: Há uma experiência de Deus que está além do conhecimento, e a linguagem apofática ou negativa a respeito de Deus é a sua expressão adequada. Os mais elevados enunciados teológicos são todos negativos, mesmo quando gramaticalmente positivos. "Deus está acima de todo conhecimento e acima de toda essência'', disse São João Damasceno. Não podemos encaixar Deus dentro de nossos conceitos ou palavras; podemos utilizá-los, contanto que não tentem representar Deus.

FRITJOF: Bem, uma das principais características da nova teoria sistêmica da vida é o fato de que ela é representacional. Ela não diz que existe um mundo objetivo lá fora, uma realidade que, a seguir, é representada nas nossas teorias científicas. Ela diz que na ciência estamos introduzindo ordem e coerência na nossa experiência. De fato, Maturana e Varela dizem que o processo de cognição é um processo por cujo intermédio nós ''criamos'' um mundo no ato de cognição.

DAVID: Isso se ajusta de maneira muito bonita com a teologia, não porém na sua formulação convencional. Eu não hesitaria em dizer que o processo no qual o ordenamento da nossa experiência cria o mundo é, por assim dizer, um aspecto essencial da criação. Poderíamos dizer que é o Espírito Santo, a consciência de Deus dentro de nós, que cria o mundo. Estamos participando da criação do mundo pelo próprio processo de ordenar a nossa experiência. É desse modo que vivenciamos Deus criando o mundo: nós ordenamos a nossa experiência. Assim, a criação está acontecendo neste exato momento. E o ordenamento de nossa experiência é o que realmente significa ''zelar pelo jardim''.

FRITJOF: A razão pela qual chamei a atenção para esta assim chamada posição construtivista é que, se você a aceitar – o que faço a título provisório –, então você teria de dizer que a experiência é tudo o que existe. Podemos falar apenas sobre a experiência e nada mais. Portanto, se Deus transcende toda a nossa experiência, então ele transcende tudo a respeito do qual podemos falar.

THOMAS: O que você acaba de dizer é uma conclusão teológica válida. De fato, nossa experiência de Deus nos leva a um ponto onde não é mais possível falar a respeito de Deus. O silêncio é a única atitude adequada.

DAVID: É essa, mais uma vez, a tradição apofática em teologia. Um de seus axiomas básicos afirma que tudo o que a teologia diz a respeito de Deus, não importa quão correto seja, é mais falso do que verdadeiro.

THOMAS: E essa definição de transcendência é melhor do que qualquer metáfora espacial. Veja você: parte do problema em filosofia e num certo tipo de teologia de segunda classe é a confusão causada pela metáfora espacial – Deus lá fora ou Deus sobre, acima ou contra. A verdadeira questão sobre a transcendência está no fato de que cada afirmação sobre Deus implica a sua negação. É isso o que significa a transcendência de Deus.

FRITJOF: Bem, deixe-me tentar mais uma coisa com a qual tenho trabalhado, um imaginário que está associado com a teoria dos sistemas vivos, dos sistemas auto-organizadores. Um dos aspectos-chave da teoria é o fato de que o processo de auto-organização é um processo mental. Foi essa a grande contribuição de Gregory Bateson para ampliar radicalmente o conceito de mente. Ele dizia que a mente não é uma coisa, é um processo. E esse processo mental é o processo de auto-organização; em outras palavras, o próprio processo da vida. Portanto, em todos os níveis, o processo da vida é um processo mental.

Agora, quando você passa para o nível humano, você diria que o processo mental humano tem essa propriedade muito especial da autopercepção, da consciência. Em seguida, quando você vai além disso e considera a humanidade como um todo, ela seria um sistema vivo, com o seu próprio processo mental. Seria a consciência coletiva. Na realidade, nada disso tem sido devidamente estudado na ciência. No momento, tudo é ainda muito especulativo.

THOMAS: Seria algo semelhante à noosfera de Teilhard de Chardin.

FRITJOF: Exatamente. Ou então ao inconsciente coletivo de Jung. Teilhard, na verdade, seria mais relevante para o caso em que se avança além da humanidade, em direção ao planeta. De fato, a noosfera seria mais relevante enquanto consciência planetária, enquanto processo de auto-organização do planeta Terra.

Então, você poderia prosseguir até chegar ao cosmos como um todo e dizer que a consciência cósmica é o processo de auto-organização de todo o cosmos. Especulou-se que é isso o que entendemos por "Deus", o processo cósmico de auto-organização.

Agora, se eu colocar nesse contexto a questão da transcendência *versus* imanência, eu poderia dizer que o nosso erro tem sido o fato de pensarmos da seguinte maneira: Tomemos o universo como um todo, e apenas acrescentemos a ele tudo o que conhecemos, todas as árvores, todas as rochas e todas as pessoas. Essa soma total é o universo. Deus é mais do que isso ou não? Ora, esse é um falso raciocínio, pois, obviamente, não estamos falando do universo como um todo. O universo é uma entidade viva, auto-organizadora; portanto, é o conjunto de todas as árvores, de todas as rochas e de todas as pessoas, mas tudo isso são apenas padrões. O mais importante são os princípios de organização desse todo. E esses princípios de organização não são algo de natureza material.

DAVID: É esse o nada do significado de que eu estava falando.

FRITJOF: Certo. Portanto, se eu digo: Deus é a soma total desses princípios de organização no nível cósmico, do processo cósmico de auto-organização, então a resposta para a questão da transcendência ou imanência dependerá daquilo que eu chamo de universo. Se chamo de universo tudo o que existe, incluindo todos os processos, idéias e assim por diante, Deus é *imanente* no universo. Mas se eu digo que o universo consiste em todas as *coisas* que eu conheço, todas as árvores e rochas e todo o material do universo, as estruturas, então Deus, obviamente, transcende isso, pois são os princípios de organização que mantêm tudo isso unido, e, você poderia muito bem dizer, que o criam. Isso é autocriação, auto-organização.

DAVID: É uma boa abordagem. Parece enfeixar muitas possibilidades.

THOMAS: Que relação tem o seu conceito dos princípios de organização ou de auto-organização no cosmos com a idéia de uma alma do mundo, que é uma noção platônica bastante clássica?

FRITJOF: Eu diria que a diferença está no fato de que essa teoria da auto-organização é muito mais sofisticada do que qualquer coisa que tenhamos visto antes nas ciências. Por exemplo, ela diz que a criatividade é inerente à vida. O processo de auto-organização é um processo inerentemente criativo. A criação de inovações é uma das marcas registradas da vida. Qualquer sistema vivo cria inovações durante todo o tempo; ele segue por uma trilha ao longo da qual cria inovações, a chamada ontogênese, a trilha do desenvolvimento individual. A seguir, a espécie segue ao longo da filogênese, a trilha evolutiva que, mais uma vez, cria inovações durante todo o tempo. Portanto, a criatividade é parte essencial da auto-organização. E por isso, creio eu, vocês podem relacioná-la com a noção de criação em teologia. Se vocês vêem isso de maneira cósmica, então isso se aproxima bastante do que vocês disseram antes.

DAVID: Sim, gosto disso. Se você continuar a desenvolvê-lo, ele pode tornar-se um exemplo do que aconteceu no passado: alguém que parte de uma tentativa para explicar o mundo de um ponto de vista científico termina em afirmações teológicas. Esse é um caminho legítimo. Você está trabalhando em direção a uma compreensão teológica que poderia tornar-se proveitosa. O que você está descrevendo aqui é criação, e a teologia sempre sustentou, até mesmo no velho paradigma, que a criação é um processo em andamento aqui e agora. Se não fosse assim, tudo entraria em colapso.

Se Deus é a vida do mundo, você acaba de dar um relato sobre a vida do mundo a partir de uma perspectiva muito diferente.

FRITJOF: Essa perspectiva tem uma porção de pontos de ligação, mas a única coisa que provavelmente não deixa os teólogos à vontade é o fato de que a noção-chave é a *auto*-organização. O universo organiza a si mesmo e, portanto, ele é também *auto*criador.

DAVID: Um teólogo como Panikkar não hesita em se expressar, de maneira altamente sofisticada, sobre o cosmos como corpo de Deus, como o fazem os teólogos processuais, como, por exemplo, John B. Cobb, Jr. Essa noção, alega ele, tem sido erroneamente entendida mas, na verdade, não foi rejeitada em teologia.

FRITJOF: Veja bem, esse seria um paralelismo bastante direto com outra afirmação dessa teoria de sistemas auto-organizadores: a de que a relação entre matéria e mente é uma relação entre estrutura e processo. A estrutura, é claro, consiste naquilo que comumente entendemos por universo, em todas as coisas que vemos. O processo seria a sua consciência.

O Deus pessoal

FRITJOF: OK. Tenho uma pergunta que me intriga. O que vocês entendem por um "Deus pessoal"? Lembrem-se, falamos sobre o fato de a revelação estar ligada a um Deus pessoal. Quero fazer essa pergunta no contexto em que a pessoalidade é definida através de nosso relacionamento com outras pessoas. Como isso funciona com o conceito de Deus? O que significa dizer que Deus é "pessoal"?

DAVID: Digamos, de início, que isso não quer dizer que Deus é uma pessoa. A tradição cristã acredita que Deus é um em três pessoas, e, a partir desse momento, o termo "pessoa" passa a ter, de fato, um significado diferente daquele que costumamos entender por pessoa.

THOMAS: Quando dizemos que Deus é pessoal, entendemos por essa afirmação o fato de que podemos ter, e de fato temos, um relacionamento verdadeiro com Deus enquanto Realidade Suprema à qual pertencemos. Temos um relacionamento verdadeiro no qual compreendemos plenamente a nossa pessoalidade, e é nesse sentido que falamos a respeito da "pessoalidade" de Deus. Mas quando a teologia cristã fala sobre as "pessoas" da Trindade, isso significa algo completamente diferente: que a própria essência de Deus é relacional, e que as três pessoas em Deus não são "indivíduos", mas sim "relações subsistentes", que existem apenas uma na outra e uma para a outra.

DAVID: Eu recomendaria, nesse contexto, a leitura de Schubert Ogden. Ogden é um dos mais importantes teólogos protestantes, cujo trabalho me tem marcado e inspirado desde há muito tempo. Ele fala de Deus como aquele que se importa com cada coisa e para quem cada coisa tem importância. Deus não vive num isolamento esplêndido, mas cuida – cuida de cada criatura com amor afetuoso, cuida dos lírios, dos pardais, dos seres humanos. Deus está pessoalmente inter-relacionado com cada criatura por meio da compaixão.

THOMAS: O budismo afirma que a realidade suprema é o vazio; afirma também que a realidade suprema é a compaixão infinita. A grande intuição do budismo Mahayana é a identidade do vazio e da compaixão. Penso que essa é a afirmação budista que mais se aproxima do enunciado "Deus é pessoal", encontrado nas religiões teístas.

DAVID: Sem dúvida. Muito antes de sermos teístas ou não-teístas, todos nós vivenciamos, em nossos melhores momentos, em nossos momentos mais cheios de vida, o fato de que pertencemos. A noção de nosso pertencer supremo implica aquilo ao qual, em última análise, pertencemos. Mas aquilo ao qual pertencemos não é, a essa altura, mais que uma direção, e aqueles que usam corretamente o termos *Deus* usam-no para indicar essa direção.

E agora tem início aquilo que Christopher Fry chamam de exploração do interior de Deus. É esse o grande empreendimento humano, que tem estado em andamento desde que existem seres humanos, e que; além disso, empenha nessa tarefa cada um de nós, tenhamos ou não consciência disso. É essa a nossa busca mais profunda.

Procuramos o significado, procuramos o pertencer, e isso significa que estamos todos explorando o território-Deus. Mas esse território é tão vasto que você pode continuar para sempre explorando uma parte dele e nunca se encontrar com outros grupos que exploram outras partes. Há certas encruzilhadas onde você escolhe seguir por uma certa direção. Depois disso, não é provável que você alcance o território que está sendo explorado por outros, que seguiram por uma direção diferente.

Uma dessas encruzilhadas é a descoberta de que esse pertencer é mútuo. Se pertencemos a Deus, Deus pertence a nós; estamos num relacionamento. Isso, naturalmente, é misticismo, mas qualquer um de nós pode vivenciá-lo diariamente. Deus está relacionado conosco de uma maneira pessoal. Essa é a base vivencial para a noção de que Deus deve possuir toda a perfeição que faz de mim uma pessoa, e nenhuma das limitações.

FRITJOF: Como isso está ligado com a pessoalidade que surge de relacionamentos? Quanto mais ricos forem os meus relacionamentos, mais rico serei como pessoa.

DAVID: Compreendo o meu pertencer, que faz de mim uma pessoa, somente sob a forma de modos limitados com umas poucas pessoas, coisas, plantas e animais, e não muito profundamente. Mas quando falamos a respeito do horizonte, o único que está além de todas as coisas, concluímos que Deus tem de estar pessoalmente relacionado com todas as coisas e nas mais íntimas profundidades.

FRITJOF: O que me aborrece aqui é o seguinte: aceito a sua definição de pessoa, a de que uma pessoa é definida através de relacionamentos. Quanto mais relacionados somos, mais rica é a nossa pessoalidade. Então vocês dizem: "Tudo bem; Deus está relacionado com todas as coisas." Portanto, Deus tem a pessoalidade mais rica que se possa imaginar. Realmente, é tão rica que transcende tudo o que podemos imaginar, pois, estando relacionada com todas as coisas, já transcende, por isso, o que podemos imaginar. Até aqui, tudo bem. Mas esse relacionamento que Deus possui é sempre para com uma parte de si mesmo. Não é para com alguma coisa mais. Enquanto que os relacionamentos que temos, e que constituem a nossa pessoa, são relacionamentos para com aquilo que é distinto de nós mesmos. Portanto, se uma pessoa surge de relacionamentos para com aquilo que está fora dessa pessoa, isso não pode ser muito adequado para tomar como uma analogia de Deus enquanto pessoa. É isso o que eu quero entender.

DAVID: Ah, isso é grande! Nesse ponto, o seu próprio pensamento o aproxima muito da resposta à pergunta que você levantou anteriormente: "Por que falar de Deus como Trindade?" Agora você toca no ponto exato quando diz: Deus não se relaciona com alguma coisa mais. Em nosso mais profundo relacionamento para com Deus, Deus, em última análise, se relaciona com o seu próprio eu. Temos consciência disso em nossos momentos místicos. O verdadeiro eu de nós mesmos, que está relacionado com Deus, é simplesmente Deus-em-nós. Essa experiência implica que você pode falar de Deus como Trindade: Deus-em-nós, que constitui o nosso eu mais íntimo; Deus como horizonte, com quem estamos, em última análise, relacionados; e Deus como o relacionamento vivo entre esses dois pólos, a nossa própria vida. Todos esses, naturalmente, não são três, mas um único Deus.

Toda especulação sobre a Trindade baseia-se, em última análise, na experiência mística. Teólogos menores podem, às vezes, simplesmente manipular conceitos, mas os grandes teólogos sempre souberam que fazemos parte da própria vida de Deus. O que não podemos dizer é que somos parte de Deus. Pois aquilo que chamamos de Deus é simples demais para ter partes. É por isso que falamos de coisas, plantas, animais, seres humanos, não como partes de Deus, mas como palavras de Deus. É isso o que a Bíblia quer dizer quando afirma a respeito de todo o universo: "Deus falou e ele passou a existir."

Deus, enquanto horizonte supremo, mantém unidas todas as coisas. Nesse sentido, Deus é o grande "Sim" ao pertencer que mantém junto tudo o que é. Mas essa é outra maneira de dizer: "Deus é amor." Amor é precisamente isto: o "sim" ao pertencer. É este "sim" a palavra que os amantes dizem um para o outro. É a mais criativa de todas as palavras.

Na verdade, Deus é também demasiadamente simples para falar muitas palavras. É mais como se o amor, que é Deus, se expressasse "desde o princípio numa palavra tão plena que necessita ser explicitada de incontáveis maneiras, sempre renovadas. Esse explicitar do amor de Deus é um modo de entender a criação. Cada um de nós é, nesse sentido, um novo modo de explicitar a palavra única de Deus. Mas aqui, fazemos a instigante descoberta de que não somos apenas falados por Deus, mas que "falamos com" por meio de Deus.

Desse modo, *shunyata*, Deus, nada, o grande silêncio, encontra expressão numa palavra tão perfeita que diz tudo e que pode ser entendida com significados sempre novos pelo próprio auto-entendimento de Deus, dentro de *nós*, como dissemos. Assim, nós estamos profundamente engajados nesse relacionamento: através de nós, seres humanos, este mundo, conscientemente, participa da vida triuna de Deus.

Silêncio, palavra e entendimento são "pessoas" do Deus uno, embora não o sejam, é claro, no sentido que habitualmente atribuímos à palavra "pessoas". Será que acabei resumindo isso a ponto de ficar tudo excessivamente condensado?

FRITJOF: Bem, é uma tremenda dose de cérebro.

DAVID: Para levá-lo da cabeça até a experiência, temos de voltar para o ponto onde tudo começou, com a experiência de um ser humano em particular chamado Jesus. Emergindo de sua tradição judaica, ele se relacionou com Deus, com grande intimidade, como um filho com o seu pai, e permitiu que toda a sua vida fosse modelada por esse relacionamento, pelo Espírito Santo de Deus. Isso significa que ele percorreu um longo caminho para além do limite onde Deus é meramente concebido como um horizonte impessoal. Seus seguidores penetram, com Jesus, nesse relacionamento pessoal com Deus e falam do Pai, do Filho e do Espírito Santo como "pessoas" da Trindade. Naturalmente, apenas "o Filho" é uma pessoa *humana*, e é isso que a palavra "pessoa" significa para nós, atualmente. Parte disso é um problema de linguagem.

FRITJOF: Devo dizer que essa exposição sobre o Deus pessoal ainda é algo que, realmente, não consigo apreender.

DAVID: Seria possível dizer onde está sua dificuldade?

FRITJOF: Deixe-me tentar. Se você diz que sua pessoalidade surge a partir do seu relacionamento com outros, então, quanto mais ricos forem esses relacionamentos mais rica se torna a sua pessoa. Desse modo, você fala sobre os seus relacionamentos com as outras pessoas, e, como um ecologista profundo, você os estenderia a toda a natureza viva, ao cosmos como um todo. É uma riqueza tremenda. Quanto mais você os estende, mais rica se torna a sua pessoa. Para nada disso eu preciso de um Deus pessoal, pelo menos no sentido que eu ainda o entendo. Uma atitude budista é completamente suficiente para mim.

DAVID: Essa atitude budista pode ser um importante corretivo para o entendimento cristão de Deus como pessoal. Os dois se equilibram. Direi mais sobre isso daqui a pouco, mas, antes, deixe-me esclarecer o seguinte: a pessoalidade surge, não apenas dos relacionamentos com os outros, mas também do relacionamento com o eu. Possuímos a nós mesmos em liberdade, somos desafiados a ser fiéis ao nosso eu mais íntimo; essas também são maneiras pelas quais vivenciamos o estado de relação existencial a partir de onde surge a pessoalidade.

Agora, quando você fala da atitude budista, deixe-me lembrar o que Thomas disse antes a respeito de os budistas identificarem o vazio com a compaixão. Ele estava certo quando situou aí a abordagem budista da verdade, de que falam os cristãos, como sendo Deus um ser pessoal. Pude verificar isso em conversa com eminentes budistas, inclusive com o Dalai Lama. Eu digo: "Bem, você fala da compaixão principalmente como uma atitude que você mostra para com os outros. No entanto, muito antes de você poder sentir compaixão por alguém, você recebe compaixão. Quando você rastreia até sua fonte – o vazio – a compaixão que recebe de volta, você sabe o que nós, cristãos, queremos dizer quando afirmamos que 'Deus nos amou em primeiro lugar'." Os budistas ficam um tanto perplexos com isso, mas eles gostam da abordagem.

Suponho que, enquanto nos movemos no nível da especulação, jamais apreenderemos isso, nem na sua expressão budista nem na cristã. Mas na prece e na meditação podemos ter essa experiência.

Imagens patriarcais

FRITJOF: Tenho de mencionar mais uma coisa que é relevante aqui, mas é um assunto vasto e não faremos justiça a ele. Se falamos a respeito de Deus como uma pessoa, temos de usar o gênero, e, tradicionalmente, sendo o cristianismo uma religião patriarcal, temos usado o gênero masculino. Essa é uma tremenda dificuldade. Em primeiro lugar, é uma grande injustiça, mas penso que é também uma tremenda dificuldade, teologicamente falando. Associamos com o Pai uma posição de separação, de lealdade, de obediência, de oposição, enquanto que associamos com a imagem da Mãe um estado de pleno ajustamento, um amor incondicional, e assim por diante.

Os teólogos feministas têm apontado repetidas vezes que a imagem feminina é muito mais apropriada de um ponto de vista ecológico.

DAVID: Essa é uma observação importante, e precisamos tentar encontrar uma nova linguagem. Ainda estamos culturalmente limitados com relação a isso. Os invólucros culturais da tradição tornam as coisas difíceis, mas a própria tradição é maior e mais profunda do que os invólucros culturais. Por exemplo, no Livro do Gênesis diz-se que Deus criou os seres humanos à sua própria imagem, "macho *e* fêmea Deus os criou".

THOMAS: E isso implica o fato de que a imagem de Deus é o par, e não o indivíduo.

FRITJOF: Não obstante, toda a hierarquia católica consiste em homens, e Deus é sempre macho. Esse é todo um território onde nem mesmo seremos capazes de penetrar, mas é preciso que venha a constituir uma parte, e, penso eu, uma parte extremamente importante, do novo paradigma em teologia.

DAVID: Sim, e felizmente um número cada vez maior de mulheres teólogas estão trabalhando nisso atualmente.

THOMAS: Toda essa questão das mulheres na Igreja emerge agora numa nova luz. Terá de ser abordada em conexão com a mudança total de paradigma, nas ciências humanas e na teologia.

DAVID: Já era tempo!

FRITJOF: Como vocês lidam com isso pessoalmente quando falam e quando escrevem? Acho impossível utilizar o termo *Deus* devido a essa bagagem patriarcal, e também acho que falar de "Deus" como "ela" soa não-natural, artificial.

DAVID: Às vezes, uso a palavra *ela* quando me refiro a Deus. Mas, normalmente, quando tenho de dizer a palavra *ele* ou *ela*, tento repetir a palavra *Deus*. Por exemplo, Deus nos criou à sua própria imagem. Não à imagem dele ou à imagem dela, mas Deus criou à imagem de Deus. Portanto, repito o termo. Essa é uma das razões de outros pequenos truques que você tem de usar. Você tem de assumir uma postura social contra a injustiça, na Igreja e na tradição cristã, que ainda está mantendo as mulheres numa posição de inferioridade. Fazemos isso nos mosteiros e o fazemos individualmente. Muitas comunidades monásticas, e também outras comunidades, estão agora retraduzindo os textos; você pode retirar o "ele" e colocá-lo em outros termos.

Por exemplo, os Salmos, que são usados diariamente no culto, foram completamente retraduzidos numa linguagem não-sexista, e agora são usados nessa forma. Mas é um problema muito espinhoso, sobre o qual temos de continuar trabalhando.

THOMAS: É um problema sociológico, teológico e espiritual. Estou começando a compreender que algumas das qualidades de Jesus que reconhecemos como divinas, na verdade a maioria delas, são classificáveis como qualidades tipicamente femininas

– compaixão, ternura, misericórdia, relacionamento, atenção para com a pessoa. Você pode continuar percorrendo a lista.

DAVID: Também não devíamos querer projetar a noção atual de pai no termo *pai* como Jesus o aplicou a Deus. Quando Jesus fala a respeito de um pai, por exemplo no caso mais típico, o pai do filho pródigo, esse pai age, de todas as maneiras, como uma querida mãe judia. Ele vê seu filho vindo de longe, corre para encontrá-lo e exclama: "Oh, meu filho! Olhe para você! Está magro como um palito. Suas roupas estão imundas e caindo aos pedaços! Venha! Deixe-me alimentá-lo, dar-lhe roupas novas, por um anel em seu dedo!" E ele prepara um imenso jantar. E tudo isso é o pai! E é a tudo isso que Jesus se refere quando diz: "Pai."

FRITJOF: A sociedade judaica daquela época era uma sociedade patriarcal em pleno florescimento.

DAVID: Sim, e é um fato historicamente bem estabelecido que Jesus fez inimigos ao tratar as mulheres como iguais aos homens, o que não era aceito na sociedade.

FRITJOF: Por outro lado, temos também de reconhecer que a imagem paterna tradicional está mudando atualmente. Minha filha, que hoje está com dois anos, não tem, absolutamente, a imagem de um pai distante. Na sua vida cotidiana, ela está emocionalmente ligada, em igual medida, a nós dois. Quando ela acorda no meio da noite, ela chama "Papai" tantas vezes quantas chama "Mamãe". É completamente igual.

DAVID: Quando ela crescer e ouvir que chamam Deus de pai, não ficará embaraçada. Mas nós, como temos esse estereótipo que nos diz com o que o pai se parece, como você muito bem o descreveu, quando falamos de Deus como pai, imediatamente pensamos que temos de ganhar, de merecer, o amor de Deus. De acordo com o nosso estereótipo, um pai o amará com a condição de que você se modele em conformidade com aquilo que ele espera de você, enquanto que sua mãe o amará incondicionalmente. Uma vez que nunca falamos de Deus como mãe, nos esquecemos de que o âmago da mensagem cristã, a boa nova, é o fato de que Deus nos ama incondicionalmente. Você não tem de ganhar o amor de Deus, não tem de merecê-lo.

"À imagem de Deus?"

FRITJOF: Falamos sobre o papel dos seres humanos na natureza, e sobre a imagem que temos de Deus. Agora, em que sentido *somos* criados à imagem de Deus?

DAVID: Temos alguma idéia sobre aquilo com que Deus se parece. Em que sentidos realmente nos assemelhamos a Deus? Eu diria que não sabemos com o que Deus se parece, exceto nos nossos melhores momentos, aos quais sempre temos de voltar neste contexto. Em nossos momentos místicos, sabemos que tocamos o divino como o nosso Eu mais profundo. E é isso o que se entende por ser criado à imagem e à semelhança de Deus.

THOMAS: Exatamente. É a compreensão teológica adequada. Esse artigo de fé, segundo o qual somos criados à semelhança de Deus, não declara que somos, de algum modo, comparáveis a Deus, mas sim, que temos um relacionamento com Deus que é incomparável, mas que é algo que nos é dado com a nossa própria existência. Trata-se de um mistério, mas é uma realidade que podemos descobrir se nos dirigirmos para a profundeza e para o centro efetivo do nosso ser.

No entanto, não se trata simplesmente de uma realidade estática. A tradição cristã oriental postula uma tensão entre as dimensões estática e dinâmica desse relacionamento utilizando de uma maneira distinta os termos *imagem* e *semelhança*. Somos feitos à imagem de Deus. Em outras palavras, somos constituídos na possibilidade de um relacionamento íntimo e místico com Deus, e então crescemos em semelhança. Há um progressivo desdobrar da imagem dentro da vida humana.

FRITJOF: O termo *imagem* é então usado erradamente. Se eu desenho a imagem de uma flor, essa imagem será o esboço da flor que terá algumas de suas características mas não todas. Na verdade, não terá muitas.

THOMAS: A comparação não é com uma imagem que você desenha. Na Bíblia, o termo sugere que o relacionamento é semelhante ao de uma criança com seu pai ou com sua mãe. A criança não é um decalque nem uma cópia xerox do pai ou da mãe, mas é a imagem e a semelhança do pai ou da mãe.

FRITJOF: Oh! percebo. É de onde ela vem.

THOMAS: É uma nova vida que tem como origem a vida do pai ou da mãe.

DAVID: A palavra que é usada em hebraico é a mesma que em outras passagens é traduzida como "ídolo". Por isso, grande parte da Bíblia hebraica, e do Novo Testamento, investe continuamente contra a adoração de ídolos. O único lugar em que essa palavra é usada num sentido muito positivo é onde nos contam que somos criados como ídolo de Deus. Em outras palavras, somos as únicas representações de Deus.

FRITJOF: Mas o ídolo é como a imagem da flor. É uma estátua que é um trabalho de arte representando o divino.

THOMAS: Penso que o uso do termo é paradoxal. O fato de que é o único uso positivo sugere a presença, aqui, de um elemento sutil da ironia hebraica típica. Em última análise, se temos de adorar a Deus, devemos nos voltar para o humano; em outras palavras, devemos nos voltar para o nosso próprio coração.

DAVID: Mas isso também aponta para uma grande diferença entre o Deus filosófico, de quem temos uma clara noção, e o Deus bíblico, de quem podemos dizer apenas que esse Deus é, de certa forma, semelhante a nós. Vivendo, descobrimos essa realidade de Deus, não de uma maneira estática mas de maneira viva, tornando-nos aquilo que somos. Um dos mais antigos enunciados da teologia cristã alega que "a glória de Deus é o homem e a mulher plenamente vivos". A nossa vida é imagem da vida de Deus. Talvez seja assim que podemos parafrasear em termos contemporâneos o enunciado segundo o qual somos criados à imagem e à semelhança de Deus. O fato de estarmos vivos é o ponto de comparação que está por trás da noção de "imagem".

FRITJOF: Talvez pudéssemos comparar isso, em algum sentido, com o apaixonar-se, pois quando você tem uma experiência de pico – e, certamente, apaixonar-se é uma espécie de experiência de pico – o que você descobre é que essa pessoa toca alguma coisa em você, move alguma coisa. Há uma ressonância, uma corda é tangida. Em algum sentido muito profundo, ele ou ela é semelhante a você, e você é semelhante a ele ou ela. Desse modo, isso é semelhança em termos, talvez, de uma ressonância. E a ressonância, naturalmente, é um fenômeno dinâmico. A experiência dessa ressonância é uma experiência de pico.

DAVID: E o que você sente nesses momentos em que se apaixona não é somente o fato de que o outro é semelhante a você, mas a metade da excitante descoberta é a de que o outro é completamente diferente de você e que esses dois, paradoxalmente, coincidem. Alguém que é, na verdade, totalmente o outro é tão totalmente semelhante a mim, e esse fato é espelhado no nosso relacionamento com o divino. Por outro lado, conhecemos Deus como o nosso eu mais íntimo, mais profundo, e, por outro lado, como aquele que é absolutamente outro, totalmente outro.

THOMAS: A essência do misticismo, na minha opinião, é o fato de que essas duas experiências coincidem.

Deixe-me inserir nessa urdidura outro fio teológico, que se relaciona com o conceito do humano como a imagem de Deus, e que talvez tenha sido esquecido na teologia: o humano como a imagem do universo, como a imagem da realidade total criada. Uma expressão muito simples desse conceito é encontrada em São Gregório Magno. Ele diz que o ser humano tem algo dos anjos, algo dos pássaros, algo das flores e algo das pedras.

DAVID: É isto o que chamamos de microcosmo?

THOMAS: Sim. Trata-se, naturalmente, da idéia clássica do ser humano como microcosmo refletindo o macrocosmo ou a realidade total. Penso que isso também sugere que a auto-realização humana só é possível na medida em que o indivíduo se torna consciente da sua relação fundamental com cada elemento do cosmos, com cada elemento da criação.

FRITJOF: A idéia do ser humano como um microcosmo que reflete o macrocosmo é, naturalmente, muito antiga. É conhecida como tradição hermética. Essa idéia também existe na ciência moderna, onde é conhecida como semelhança de padrões. Gregory Bateson cunhou a frase "o padrão que interliga". É este o padrão que temos em comum com o cosmos. Com relação a isso, penso sempre numa belíssima frase de Goethe: "Se o olho não fosse semelhante ao Sol, ele jamais poderia perceber o Sol." Há uma ligação. A maneira como reformularíamos isso atualmente em termos científicos é dizer que estamos intimamente ligados àquilo que observamos. Levamos algo para a nossa observação. Aquilo que observamos depende do modo como olhamos para ele, e toda essa ligação é uma ligação de padrão.

2. Mudança de estrutura para processo

FRITJOF: O segundo critério para o pensamento do novo paradigma na ciência é uma mudança de estrutura para processo. Pensava-se, no velho paradigma, que havia estruturas fundamentais, e a seguir que havia forças, que havia mecanismos por cujo intermédio essas forças interagem, dando assim nascimento a processos. No novo paradigma, cada estrutura é vista como a manifestação de um processo subjacente. Toda a teia de relações é intrinsecamente dinâmica.

THOMAS: Do lado teológico, isso corresponderia a uma mudança da revelação como verdade intemporal para a revelação como manifestação histórica. No velho paradigma, pensava-se que havia um conjunto estético de verdades sobrenaturais que Deus pretendia nos revelar, mas o processo por cujo intermédio Deus os revelou foi considerado de pouca importância. No novo paradigma, o processo dinâmico da história da salvação é, ele próprio, a grande verdade da auto-manifestação de Deus. A revelação como tal é intrinsecamente dinâmica.

DAVID: Está clara essa ênfase na dinâmica? Antigamente, pensávamos que o que importava eram artigos de fé claramente articulados. Hoje, compreendemos que o que realmente importa é a nossa interação com a realidade divina. Aqui e ali, captamos vislumbres que são suficientemente claros para que possamos articulá-los. Mas a articulação sempre é insatisfatória em face da realidade que vivenciamos. Desse modo, o que conta é o processo vivencial de interação com o divino, o caminhar ao longo da estrada, não os marcos miliários.

Espírito e matéria

FRITJOF: Percebo. Sim, está bem claro para mim. Deixe-me voltar a um tipo particular de processo, os processos da vida. Na nova teoria dos sistemas vivos, os processos da vida são entendidos como processos essencialmente mentais. De fato, a mente é definida como um processo. Nessa teoria, a relação entre mente e matéria é uma relação entre processo e estrutura. Não há mente sem matéria. As duas são complementares. Desse modo, seria impossível qualquer tipo de fenômeno em que se tenha espíritos flutuando livremente sem um complemento material. O que isso tem que ver com a noção de um espírito divino sem nenhuma matéria?

DAVID: Espírito significa vida. É a vida de alguma coisa. E, de acordo com Panikkar, essa noção de espírito como algo totalmente não-relacionado com a matéria não passa de uma aberração filosófica incapaz de fazer justiça à realidade. Karl Rahner, *o* teólogo católico deste século, é sem dúvida um pensador cauteloso; não obstante, até mesmo ele reluta em aceitar qualquer noção de espírito não-relacionado com a matéria. Para mim, espírito e matéria são duas faces da mesma moeda, dois aspectos entrelaçados da realidade.

THOMAS: A oposição entre espírito e matéria, fundamental para o pensamento de Descartes, cai com a queda do velho paradigma em geral.

DAVID: Isso também inclui a teologia do velho paradigma?

THOMAS: Sim, junto com todas as outras teorias da "alma" como substância desencarnada. Para mim, um espírito *criado* separado da matéria é inconcebível. Matéria é aquilo que dá direção ao processo mental. Não pode haver um processo mental que simplesmente flutue no vazio. Quanto à noção de *Deus* como espírito, penso que é simplesmente outra maneira de abordar toda a questão da transcendência. Quando se tem um conceito adequado de transcendência, fala-se de Deus como Espírito. Mas isso não significa que Deus possui, ou que é, um "processo mental". Deus transcende a *ambos*, o espírito e a matéria, ou, como dizia São João Damasceno: "Deus está além de nomes, além da essência."

Auto-organização

FRITJOF: O engraçado a respeito do conceito de auto-organização é o fato de que ele pode ser apresentado sob a forma de uma natureza "trinitária". São estes os aspectos: o padrão de organização, a estrutura e o processo.

O padrão de auto-organização é a totalidade das relações que definem as características essenciais de um sistema vivo. Esse padrão pode ser descrito de uma maneira abstrata, sem se referir a energia, a substâncias físicas, a organismos, e assim por diante, sem usar a linguagem da física e da química. É um padrão abstrato de relações.

A estrutura de um sistema vivo é a realização física desse padrão. O mesmo pode ser realizado em diferentes estruturas biológicas (uma célula, por exemplo, ou uma folha ou uma flor), e essas estruturas são descritas na linguagem da física e da química.

O erro que a maioria dos biólogos comete atualmente é o de trabalhar no nível da estrutura e acreditar que, conhecendo cada vez mais a respeito da estrutura, eles finalmente conhecerão a vida. Porém, eles jamais saberão o que é a vida enquanto se limitarem aos seus aspectos estruturais. Somente quando também levarem em conta o padrão é que eles serão capazes de realmente apreender o fenômeno da vida.

Agora, a realização ininterrupta do padrão de auto-organização numa estrutura biológica específica envolve um processo dinâmico, o processo da vida. Envolve também a contínua auto-renovação do organismo, a adaptação do meio ambiente, a aprendizagem, a evolução, e assim por diante. E esse processo da vida, de acordo com Bateson, é essencialmente um processo mental. Essa é a terceira parte.

DAVID: Uma vez que você caminhou do seu padrão até o processo da realização desse padrão, como você evita a idéia de que, ao estudar, por exemplo, a neurofisiologia, você chegará a compreender processos psicológicos?

FRITJOF: Você não pode derivar o padrão partindo da estrutura. Você tem de estudá-lo e de entendê-lo independentemente da estrutura. Veja bem, posso dizer a você se um dado sistema é auto-organizador ou não. Mas se você me impuser a condição de que terei de permanecer fiel à linguagem da física e da química, e de não ir além dela, nesse caso não serei capaz de lhe dizer. Preciso ir além do aspecto material e falar sobre padrões abstratos de relações.

A Trindade

DAVID: Eu sugeriria que é possível explorar nesse contexto o enunciado teológico básico segundo o qual a única coisa que nos permite falar de uma diversidade de pessoas dentro de um Deus triuno são relações.

FRITJOF: A razão pela qual eu disse que essa é uma teoria trinitária está no fato de que o processo pode ser claramente associado com o espírito. A estrutura pode ser claramente associada com o Verbo feito carne. E o padrão de organização, ou o princípio de organização, seria então associado com o Pai, suponho.

DAVID: O Verbo feito carne é também chamado de imagem do Deus invisível. O invisível é o padrão para o visível.

FRITJOF: É um paralelismo intrigante.

THOMAS: Poderia ser um paralelismo tão legítimo quanto outros que foram utilizados no passado, tais como os paralelismos psicológicos utilizados por Santo Agostinho: O Pai como memória, o Filho como intelecto e o Espírito como vontade. Com essa nova metáfora, teríamos de falar igualmente a respeito de uma história da salvação *cósmica*.

Evolução, teleologia

FRITJOF: O outro conceito que eu gostaria de discutir neste contexto é o de evolução. Quando falamos sobre os processos da vida, vemos que eles levam a um caminho de desenvolvimento, tanto para os organismos individuais como para a evolução das espécies.

A teoria da auto-organização afirma que não há objetivo nesse caminho. Ele é chamado de deriva. Maturana e Varela, dois dos principais pesquisadores nesse campo, falam sobre uma deriva ontogenética e uma deriva filogenética. Essa deriva é uma resposta mental contínua às influências ambientais. Criatividade a cada passo. É por isso que dois organismos se desenvolverão em direções diferentes e terão individualidades diferentes ou personalidades diferentes. No entanto, não há plano, não há projeto e não há direção.

DAVID: Você aceita isso?

FRITJOF: Ainda não formei uma opinião.

DAVID: Nenhum plano, ótimo. Nenhum projeto, melhor ainda. Mas nenhuma direção? Acho isso realmente problemático.

THOMAS: Há qualquer consenso consistente quanto a isso? Há outros que o vêem de uma maneira mais teleológica?

DAVID: Atualmente, para muitos cientistas teleologia é uma palavra desprezível. Mas acredito que, sob alguma forma, ela é necessária aqui. Sem uma direção que aponte para um objetivo, nós simplesmente não podemos responder pelos fenômenos que observamos. A não ser que reconheçamos que há intencionalidade, que há propósito, presente até mesmo nas partículas subatômicas, corremos o risco de colocar os seres humanos lá bem no alto, acima da natureza. Nós, seres humanos, conhecemos o propósito, agimos intencionalmente. Isso nos coloca separados do restante da natureza? Penso que não.

Mas notei que você reagiu fortemente ao que eu disse, Fritjof.

FRITJOF: O que significa isso, intencionalidade?

DAVID: Que você, de alguma maneira, imagina um objetivo e a seguir luta por ele. O oposto de deriva.

FRITJOF: Pessoalmente, vejo isso da seguinte maneira: quando você olha para um organismo num meio ambiente, você observa que ele se desenvolve, que ele segue em frente o seu caminho, e você pergunta se ele tem um propósito ou se está apenas derivando. Ora, se você muda desse nível para um nível mais amplo, você percebe que os movimentos dos organismos menores são parte do padrão de organização do sistema mais amplo. Isso me parece totalmente óbvio.

Por exemplo, se você olha para uma única célula do sangue em minhas veias e a segue, ela derivará; você não será capaz de predizer coisa alguma. Mas se você estudar o corpo como um todo, você poderá dizer: "Machuquei o meu dedo, e agora o meu sistema imunológico está reagindo." Há uma resposta global ao ferimento, e é por isso que essa célula do sangue vai até lá. É totalmente óbvio para mim que o movimento e que o desenvolvimento de uma parte é parte do padrão de organização do sistema mais amplo. Nesse sentido, posso ver um propósito.

DAVID: Isso me satisfaz. Mas não posso aceitar a noção de que, por meio de uma deriva cega, por meio do puro acaso, nós chegaremos a algo tão complexo como, por exemplo, um olho.

FRITJOF: Bem, eles não falam em acaso, como o faz Jacques Monod. É tudo consciente, uma resposta mental, uma co-evolução do organismo e do meio ambiente, sendo que o próprio meio ambiente é também vivo.

DAVID: De qualquer maneira, o que você disse me satisfaz. Antigamente, se eu o entendo de maneira correta, o velho paradigma na ciência partia de baixo, de coisas não-relacionadas, que eventualmente progrediam no sentido ascendente até uma harmonia maravilhosa na qual ficavam muito unidas, nessa bela dança. Agora, no novo paradigma, você parte do topo, da meta, do *telos*, do todo. É uma história completamente diferente.

FRITJOF: Está certo, porque você tem de entender a dinâmica do todo para entender as propriedades das partes. Mas deixe-me levar um pouco mais adiante a noção de propósito. Lembro-me de Joseph Campbell enfatizando repetidamente que a eternidade não é um "longo tempo": a eternidade está fora do tempo.

DAVID: Como a define Agostinho: "É o agora que nunca termina."

FRITJOF: Quando você se acha nesse tipo de modo, como pode falar a respeito de propósito? Num agora que nunca termina, como pode haver propósito?

THOMAS: Exatamente. Deus não tem propósito. Deus simplesmente é.

DAVID: Mas no tempo temos o desdobramento do significado.

FRITJOF: Penso que estamos nos equilibrando aqui nos limites da linguagem factual. Em poesia, não há nenhum problema. Tome, por exemplo, o famoso verso de Blake: "Segure o infinito na palma da tua mão."

DAVID: Esse é o contexto mais amplo, mas ainda estou preocupado com uma certa direção. Santo Agostinho diz que tudo é atraído pelo seu amor; amamos aquilo que nos atrai. Uma vez que eu vejo isso tão claramente em nós, seres humanos, estou inclinado a pensar que isso não veio conosco, ou nem mesmo com os animais, mas deve ter estado sempre aí, no mundo das plantas e até mesmo no mundo da matéria.

FRITJOF: Não, penso que isso apareceu com a consciência humana. Já falamos antes sobre consciência e propósito.

THOMAS: Sim, falamos, no contexto da Bíblia, que sempre associa "intencionalidade" com a noção de "tempo". Intérpretes e teólogos falam usualmente sobre a concepção "linear" de tempo da Bíblia. Mas isso é apenas uma metáfora; outra é a do tempo como um grande vazio que é preenchido, de modo que vai adquirindo uma densidade cada vez maior. Lemos que Cristo chegou na "plenitude do tempo", e que a vitória do amor, da vida sobre a morte, também virá "na plenitude do tempo". Essa concepção de tempo e, portanto, de propósito não é direcional, nem é linear, embora, no sentido teológico, seja igualmente legítima.

FRITJOF: Culturas antigas, e culturas tribais até mesmo atualmente, tinham uma noção de tempo muito mais cíclica, cujos elementos eram recolhidos da natureza. Sempre ouvi dizer que uma característica da tradição cristã era a de postular a data de nascimento de Cristo como uma linha divisória e, a seguir, contar linearmente, a partir dessa data, até a ressurreição de toda a criação, como ponto final.

THOMAS: Assim como fazemos no calendário comum, contando a.C. em ordem decrescente e d.C. em ordem crescente. Isso também é uma metáfora.

FRITJOF: Mas como a teologia diferencia isso atualmente? É essa a questão que me interessa.

THOMAS: Com relação a isso, não há unanimidade entre os teólogos. No entanto, acho muito intrigante a hipótese do "Ponto Ômega" de Teilhard de Chardin. Tempo e propósito convergem para um ponto além do humano, que Teilhard identifica com o Cristo cósmico.

DAVID: É importante para mim que não insistamos tanto em limitar a mensagem de Cristo ao seu arcabouço histórico. O que nós, cristãos, reconhecemos como o divino expressando-se no cosmos, mas particularmente na história humana, deve ser acessível a todos os seres humanos, de uma maneira ou de outra. Isso pode ser expresso em termos cósmicos em vez de históricos por tradições que não estão tão interessadas na história.

THOMAS: Penso que isso é totalmente verdadeiro, como penso também que estamos diante de uma oportunidade para a teologia comparável apenas à que existia no período primitivo do cristianismo, quando, entre uma perseguição e outra, os cristãos se abriam, com um notável grau de liberdade e de acuidade intelectual, às grandes correntes filosóficas do mundo antigo. Temos hoje, igualmente, uma oportunidade de ouro para a criatividade teológica.

DAVID: E agora não estamos lidando somente com o mundo mediterrâneo helenístico, mas com o mundo todo.

THOMAS: Com o mundo todo, e com culturas que podem ter mais a nos oferecer do que a cultura helenística ofereceu aos primeiros grandes escritores cristãos. A acessibilidade dos textos hinduístas e budistas, em suas línguas originais e em boas traduções, constitui uma oportunidade incomparavelmente maior do que aquela que Santo Irineu e São Justino ou, posteriormente, São Basílio e São Gregório Nisseno tiveram com as correntes filosóficas das épocas em que viveram.

DAVID: Você percebe sinais de que estamos começando a nos beneficiar dessas oportunidades?

THOMAS: Bem, há sinais de que estamos começando, mas são apenas sinais e estão apenas começando.

3. Mudança de ciência objetiva para ciência "epistêmica"

FRITJOF: Meu terceiro critério para o pensamento do novo paradigma na ciência é uma mudança de ciência objetiva para aquilo que chamo de ciência epistêmica. No velho paradigma, acreditava-se que as descrições científicas eram objetivas, isto é, independentes do observador humano e do processo de conhecimento. No novo paradigma, acredita-se que a epistemologia, o entendimento do processo de conhecimento, tem de ser explicitamente incluída na descrição dos fenômenos naturais. Nesse ponto, não há consenso a respeito de qual é a epistemologia apropriada, mas há um consenso emergente de que a epistemologia terá de ser parte integrante essencial de cada teoria científica.

THOMAS: Do lado teológico, isso corresponderia a uma mudança da teologia enquanto ciência objetiva para a teologia enquanto processo de conhecimento. No velho paradigma teológico, supunha-se que os enunciados fossem objetivos, isto é, independentes do indivíduo que acredita e do processo de conhecimento. O novo paradigma sustenta que a reflexão sobre os modos de conhecimento não-conceituais – intuitivos, afetivos, místicos – tem de ser explicitamente incluída no discurso teológico. Nesse ponto, não há consenso quanto à proporção em que os meios de conhecimento conceituais e não-conceituais contribuem para o discurso teológico. Mas há um consenso emergente de que os modos de conhecimento não-conceituais constituem parte integrante essencial da teologia.

DAVID: Posso fazer uma pergunta, Fritjof, para começar? Você disse que, nesse ponto, não há consenso sobre qual é a epistemologia apropriada. No entanto, você tratou dessa questão algum tempo atrás, e estou certo de que nos deu uma porção de idéias sobre isso. Você teria algum palpite sobre a direção na qual se deveria procurar essa epistemologia?

FRITJOF: Penso que as pessoas que estão na vanguarda dessa pesquisa tendem a dizer que uma escola conhecida como "construtivismo" é a epistemologia apropriada. Segundo essa escola, o que observamos não é um mundo que existe objetivamente, e que em seguida é representado. Em vez disso, é um mundo que é criado no processo de conhecimento. Como dizem Maturana e Varela: "O mundo é *gerado* no processo de conhecimento."

DAVID: É surpreendente que há muito tempo houve uma antecipação dessa idéia através do mito: Deus pronuncia a Palavra que expressa o conhecimento de Deus, e, com isso, Deus cria o mundo. Penso que há nisso um verdadeiro paralelismo. Então, foi uma espécie de teologia através do mito. Agora, uma idéia semelhante – a de que a mente cria as coisas no processo de conhecimento – está emergindo do pensamento científico.

FRITJOF: A maneira como eu entendo toda essa coisa de criar o mundo não é que não haja matéria, nem energia, lá fora, isto é, fora de nós; que nós a criamos, que a materializamos. Não é esse o significado. Há uma realidade, mas não há coisas, não há árvores, não há pássaros. Esses padrões são aquilo que criamos. À medida que focalizamos um determinado padrão e, a seguir, o destacamos do restante, ele se torna um objeto. As maneiras como as pessoas e as espécies farão isso serão as mais variadas possíveis. O que vemos depende da maneira como olhamos. Essa idéia ocorreu muito dramaticamente na física com Heisenberg.

A analogia que desenvolvi é a do teste de Rorschach. Imagine um tipo particular de teste de Rorschach no qual você não tem vários borrões mas apenas um único borrão de tinta, e que nesse borrão todas as coisas estão interligadas. Se eu lhe perguntar: "O que você vê ali naquela parte?", você poderia dizer: "Vejo um veleiro." A seguir, faço a mesma pergunta a Thomas. Ele poderia dizer: "Vejo um esquilo", ou algo parecido. Como ele pode ver um esquilo e você um veleiro? Porque vocês dois destacaram coisas ligeiramente diferentes. A seguir, naturalmente, há a interligação e tudo o mais. Mas é também a maneira de destacar que é diferente. Desse modo, a subjetividade no processo de observação está intimamente ligada com a interligação de tudo. Se o mundo é uma rede de relações, então aquilo a que chamamos de objeto depende da maneira como o delineamos, da maneira como o distinguimos do restante da rede. E, nesse sentido, estamos criando o mundo.

DAVID: E tudo aquilo que organizamos é uma realidade, você diz. Mas em que sentido?

FRITJOF: Basicamente, é experiência! Organizamos a nossa própria experiência.

DAVID: Queremos ser cuidadosos nesse ponto. Penso que você está tentando enfatizar que aquilo que está lá fora, isto é, fora de nós, nada mais é, em si mesmo, que material para ser experimentado.

FRITJOF: Certo. E até mesmo o fato de se dizer "material" seria realmente colocá-lo numa categoria. Há algo a ser vivenciado, e cada ser o faz de um modo diferente.

DAVID: Thomas, haveria um paralelismo, pelo lado teológico, com esse construtivismo? Uma frase que me vem à mente é uma sentença-chave da teologia tomista: "O que quer que seja recebido é recebido de acordo com a forma de quem o recebe."

THOMAS: Esse é um princípio básico do conhecimento. Há uma imanência em todo conhecimento; ele é sempre o conhecimento do objeto a partir de dentro do sujeito. Talvez, em teologia, o paralelismo mais próximo seria a noção de que todo o conhecimento é uma espécie de participação num diálogo em andamento com a realidade.

DAVID: E no contexto da revelação, isso implicaria que aquilo que realmente conhecemos a respeito de Deus é sempre e tão-somente a nossa experiência de Deus. O que quer que falemos a respeito de Deus é projeção. Só podemos falar com convicção a respeito da nossa experiência de Deus.

FRITJOF: Isso então significaria que nós criamos Deus à nossa imagem, em vez de ele nos criar à sua imagem?

THOMAS: Não "em vez de ele nos criar" mas "assim como ele nos cria".

DAVID: Sim, e o fato de se tratar de ambas as coisas está implícito na famosa sentença de Meister Eckhart: "O olho com que eu vejo Deus é o mesmo olho com que Deus me vê." Tem-se dito freqüentemente que não podemos evitar o fato de imaginar Deus à nossa própria semelhança. Até mesmo os filósofos gregos diziam que, se as rãs tivessem um deus, seria uma rã divina.

FRITJOF: Certamente, uma porção de coisas que vocês disseram sobre experiência religiosa se ajustaria muito bem no ponto de vista do construtivismo. Na ciência, há um famoso comentário de Einstein. Einstein disse que, para ele, era um milagre que nossas formas matemáticas abstratas se ajustassem à realidade de maneira tão precisa que podemos descrever as coisas que observamos no mundo exterior em termos de coisas que elaboramos. Isso, para Einstein, era profundamente misterioso.

Mas, para Maturana, isso não é um mistério, em absoluto, pois para ele não há realidade objetiva; há somente padrões subjetivos de experiência. E tudo o que fazemos é comparar diferentes padrões da experiência do mesmo ser humano.

DAVID: Mas nem mesmo isso é totalmente novo; a definição grega de ser humano como *zōon logikon* não é corretamente traduzida por "animal racional". Significa um animal que possui o *logos*, ou a "palavra", o princípio dos padrões de leitura. O *logos* grego é o padrão que cria um cosmos a partir do caos. Somos animais que possuem esse *logos* dentro de si e, por isso, podemos entender o cosmos.

FRITJOF: Mas não somos os únicos. Isso também vale para todos os outros seres vivos. A diferença é que nós refletimos sobre isso.

DAVID: Portanto, temos de fazer aqui essa importante distinção entre consciência reflexiva e consciência. Obviamente, a consciência reflexiva entra em cena apenas conosco, seres humanos, e, possivelmente, com alguns animais superiores.

FRITJOF: E, como vê, na teoria sistêmica a consciência reflexiva entra em cena com a linguagem. Na medida em que os animais são capazes de linguagem, eles também devem possuí-la.

O outro tipo de consciência, que eu prefiro chamar não de consciência mas de percepção [*awareness*], existe em todos os seres vivos, de acordo com a visão sistêmica.

DAVID: Você levaria essa idéia mais a fundo? Admitiria que algo como essa percepção poderia estar presente o tempo todo até mesmo no nível das partículas subatômicas?

FRITJOF: Não. Nessa teoria, a percepção é uma dimensão de auto-organização. Lembre-se de que, quando falei a respeito de auto-organização, referi-me a três dimensões ou três aspectos – estrutura, padrão e processo. O processo mental, ou cognição, como processo de auto-organização, é característico de todas as formas de vida, porém não é característico de formas não-vivas.

DAVID: E então, como isso, de repente passa a existir?

FRITJOF: Não passa de repente a existir. As raízes da mente penetram fundo no mundo não-vivo, e aspectos dela estão presentes aí. Mas esses traços mentais não se reúnem antes de você ter uma célula. A célula é o mais simples organismo conhecido que tem essas características mentais.

DAVID: Na outra extremidade da nossa escala, poderíamos agora, provavelmente, dizer que as raízes dessa consciência reflexiva podem existir até mesmo nos animais que usam linguagem, não apenas sinais mas também linguagem, em particular nos primatas mais evoluídos, mas estas são apenas as raízes. Na comunidade humana, isto surge por si mesmo. É esse o ponto importante. Comunidade humana.

Consciência, intencionalidade

FRITJOF: Talvez eu devesse dizer mais algumas palavras sobre a consciência. Maturana afirma que a consciência surge com a linguagem. Seu precursor é a comunicação. Ele define comunicação, não como a transmissão de uma mensagem a respeito de uma realidade exterior mas, em vez disso, como uma coordenação de comportamentos por intermédio de uma contínua interação mútua. Mas ainda não é linguagem; é uma espécie de protolinguagem. A linguagem surge quando você pode comunicar a respeito da comunicação. Eis um exemplo. Ele diz: "Quando eu me levanto de manhã, a minha gata entra na cozinha e mia, e eu vou até a geladeira e dou a ela um pouco de leite." Isso é comunicação. É uma coordenação de comportamentos. Se, numa certa manhã, eu não tivesse leite e se a gata fosse capaz de dizer: "Ei, qual é o problema? Miei três vezes. Cadê o leite?", isso seria linguagem. Seria comunicação sobre a comunicação. Naturalmente, a gata não é capaz disso.

Maturana parte daí para uma análise da linguagem. Essa comunicação sobre a comunicação pressupõe uma estrutura de rótulos que Bateson chamava de tipos lógicos. Ela envolve a auto-referência, a referência a si mesma. Envolve também as noções de objetos, de conceitos, de símbolos, e assim por diante. Todo o domínio da autopercepção e da consciência surge através da linguagem. Então entra em cena a afirmação mais radical, quando Maturana diz que a consciência é, essencialmente, um fenômeno social, porque nasce através da linguagem que opera num sistema social. Não podemos entender a consciência por meio da física e da química, como também não podemos entendê-la nem mesmo por meio da biologia ou da psicologia, se nos restringirmos a um único organismo. Você entenderá a consciência se se dirigir ao domínio social.

THOMAS: Você também poderia se dirigir à teologia da libertação; um método que enfatize as dimensões sociais do conhecimento teológico teria conexão com aquilo que você está dizendo.

FRITJOF: Pode falar um pouco mais a respeito disso?

THOMAS: Na teologia da libertação, o entendimento da fé é sempre um entendimento social que acontece no nível popular comum entre as pessoas crentes. A teologia da libertação enfatiza que um entendimento da fé cristã só faz um sentido real quando surge da experiência vivida de comunidades reais de pessoas: suas necessidades, seus sofrimentos, suas aspirações, e quando fala dirigindo-se para essa experiência. Uma teologia que malogre em responder adequadamente às precárias condições de vida e à privação dos direitos dos pobres é insípida e vazia.

DAVID: Certa vez, Lex Hixon, que produziu um excelente programa ecumênico na estação de rádio do Pacífico, WBAI, em Nova York, pediu-me para falar sobre cristianismo. Respondi-lhe que parecia ridículo que uma pessoa sozinha falasse sobre cristianismo. Se você quer realmente transmitir o que é o cristianismo, essa transmissão terá de ser feita como um acontecimento comunal. Sugeri que eles poderiam reunir todo um grupo de pessoas; cantaríamos juntos, repartiríamos o pão, conversaríamos, de modo que a audiência pudesse, de certa forma, sentir o sabor da comunidade. E eles fizeram isso! E a reunião não acabava mais. Não havia limite de tempo. A WBAI levou ao ar esse programa várias vezes porque todos gostaram muitíssimo dele. Ele fez com que as pessoas sentissem o sabor da comunidade cristã.

No entanto, ainda tenho uma pergunta sobre o eu. Eu estava tentando segui-lo, mas você caminhou muito depressa. O que estava dizendo sobre a maneira como chegamos à noção do eu, Fritjof?

FRITJOF: Começa com objetos. O fato de você falar com um comunicador sobre o comunicar-se o leva à noção de um objeto. Do fluxo da experiência, você faz uma abstração e diz: "Há um objeto." Poder-se-ia aprofundar mais alguns passos no processo de como isso surge, mas esse é o primeiro passo. Em seguida, a noção de objeto é aplicada à própria pessoa, ao próprio sistema. Isso leva à noção do eu enquanto ego.

DAVID: É muito estimulante pensar sobre o eu dessa maneira. Mas parece-me um meio que faz um certo rodeio para chegar à noção de um eu, delineando-a a partir do exterior. Precisamos partir para a nossa própria experiência. O eu pode ser entendido no contexto do pertencer. O eu é aquilo a que você pertence, quer goste ou não.

FRITJOF: Mas não é a isso que eu me refiro quando digo "eu". Nesse contexto, refiro-me à imagem limitada do eu, que é chamada de ego. Isso é muito importante quando falamos sobre consciência, pois é assim que podemos nos abstrair da verdadeira realidade na qual vivemos.

DAVID: Esse eu é então um eu negativo. É o pequeno eu e não o eu verdadeiro.

FRITJOF: No mesmo sentido de que os objetos também são algo negativo, embora sejam igualmente muito úteis. Se eu digo: "Por favor, dê-me a sua caneta", é bom pensar numa caneta como um objeto. Eu também poderia dizer que há esse padrão de relações, e assim por diante, mas, como uma noção taquigráfica, posso dizer: "Você me empresta a sua caneta?"

DAVID: Mas então como você impede esse pequeno eu de pensar que ele é o verdadeiro eu? Ele parece inofensivo, mas tem inclinação para caminhar errado, para se atolar, para ser enganado e para se separar. A confusão entre o ego e o verdadeiro eu pode causar um grande prejuízo. Como você impede isso?

FRITJOF: Penso que isso nos leva de volta ao começo da nossa conversa. Falamos, então, sobre o pertencer, a experiência do pertencer, e dissemos que a pessoalidade é definida através de relacionamentos. Mas o relacionamento não é algo específico do ser humano. Ocorre em todos os padrões, vivos e não-vivos. O que é especificamente humana é essa propriedade de autopercepção, mas essa propriedade tem os seus perigos. Também tem a sua glória. Temos teorias magníficas, temos culturas, arte, tudo isso. No entanto, ela também pode ser autodestrutiva. Por isso, tem de ser acoplada com a responsabilidade, e temos de unir o pequeno eu com o grande eu, e isso é *religio* – religião.

DAVID: Isso coloca a ligação entre ciência e religião numa perspectiva totalmente diferente, não coloca? O eu que, tipicamente, faz ciência enquanto cientista é o pequeno eu; se ele se mantém separado do verdadeiro eu, do sentido de pertencer ao todo, pode tornar-se perigoso. O pequeno eu alienado leva a ciência para uma direção que nos coloca em apuros, a menos que façamos o esforço do religamento, da *religio*, isto é, a menos que tomemos a iniciativa religiosa. Gosto da maneira como você esclareceu isso.

Reflexões adicionais sobre os critérios 2 e 3

FRITJOF: Antes de passar para o próximo critério, eu gostaria de fazer um comentário sobre os critérios 2 e 3. O segundo critério em teologia é a mudança da revelação enquanto verdade intemporal para a revelação enquanto manifestação histórica.

DAVID: Sim, a partir de um "pacote de verdades" mudamos para a revelação enquanto processo intrinsecamente dinâmico. Revelação é o processo de vir a conhecer a realidade divina através de toda a realidade.

FRITJOF: Dessa maneira, você se coloca no processo do conhecimento, no processo de vir a conhecer a realidade divina. Agora, na ciência, o meu terceiro critério refere-se ao processo de conhecimento, enquanto que o meu segundo critério não o faz. Ele se refere a processos que eu observo na natureza. Portanto, em teologia, os critérios 2 e 3 realmente parecem fluir juntos.

DAVID: Talvez eu possa, mais uma vez, esclarecer o critério 2, de modo a separá-lo do critério 3. No velho pensamento teológico, toda a ênfase recaía nos enunciados a respeito de Deus, nos ensinamentos, no dogma. Essas verdades claramente formuladas eram tudo o que importava. No novo pensamento, a ênfase está no processo gradual em que ocorreu a revelação. Para a teologia cristã, a Bíblia registra os meios por cujo intermédio os seres humanos, gradualmente, vieram a entender o divino. A história da revelação é o processo sobre o qual a teologia reflete. A verdade revelada corresponde à estrutura que é uma manifestação do processo que lhe serve de base, o processo de interação entre Deus e nós.

FRITJOF: Desse modo, a estrutura seria a doutrina, e o processo que lhe serve de base é o processo de interação entre o ser humano e o divino, a maneira como essa doutrina passou a existir. Mas quando você fala sobre doutrina, você fala sobre conhecimento.

DAVID: Sim, a revelação é um processo por meio do qual chegamos a conhecer Deus; e a teologia também o é, à sua própria maneira. Pode dizer mais uma vez como os critérios 2 e 3 diferem entre si quando falamos sobre mudança na ciência?

FRITJOF: O critério 2 ocorre quando eu olho, por exemplo, para uma árvore. No velho paradigma, eu diria que a árvore consiste em certas estruturas fundamentais – o tronco, os ramos, as folhas, as raízes – e eu as descreveria tão bem quanto pudesse. Então, eu diria que elas também interagem, e a seguir descreveria esses processos de interação, mas as estruturas vêm em primeiro lugar. No novo paradigma, eu diria que a árvore é um fenômeno que interliga o céu e a terra. Ele assim o faz graças ao processo da fotossíntese, que ocorre nas folhas. Para sua máxima eficiência, as folhas se distribuem de uma certa maneira sobre o ramo, fazendo com que todas se voltem para o Sol. Elas precisam receber alimento, e é por isso que você precisa de um tronco, é por isso que você precisa das raízes. Você tem o alimento que provém da terra e o alimento que provém do Sol, e os dois se misturam na árvore. Há muitos processos envolvidos, e esses processos criam certas estruturas, e é isso o que vemos quando olhamos para a árvore. Isso não significa falar sobre o processo por cujo intermédio se adquire conhecimento sobre a árvore. Significa falar sobre aquilo que a árvore é.

O critério 3 é sobre o processo de conhecimento. É um nível diferente. No primeiro caso, quando falo a respeito da árvore, eu o faço apenas porque a observo; e o que é esse processo de observação? Portanto, há dois processos diferentes. O processo de adquirir conhecimento pertence ao número 3; o processo que eu observo na natureza pertence ao número 2. Parece-me que em teologia os dois fluem juntos.

DAVID: Agora eu compreendo o que você quer dizer. Também podemos, claramente, distinguir dois critérios em teologia. Nesta, porém, eles estão mais próximos um do outro do que na ciência. Thomas, você gostaria de ilustrar essa distinção com um exemplo da teologia? Digamos, a Trindade.

THOMAS: Farei o melhor que puder. Novamente, terei de usar alguns jargões técnicos; portanto, por favor, sejam indulgentes comigo!

Os cientistas falam sobre a relação entre "estrutura" e "processo" na realidade; os teólogos falam sobre a relação entre a Trindade "imanente" e a Trindade "econômica", ou, para usar os termos do nosso critério 2, entre a Trindade enquanto "verdade intemporal" e a Trindade enquanto "manifestação histórica". Deixe-me explicar. A Bíblia e outras fontes dessa doutrina falam a respeito das três Pessoas divinas: o Pai, o Verbo (ou o Filho) e o Espírito, com relação à salvação do homem, ou, em outras palavras, a respeito de Deus enquanto Deus com relação a nós. Bem, "Deus com relação a nós" é Deus revelado através da "economia" divina ou do plano divino para os seres humanos e para todo o cosmos. Desse modo, a Trindade é "econômica" na medida em que exerce influência sobre nossas vidas no mundo e na história. Mas o artigo de fé cristã declara que essa Trindade econômica *é* a Trindade "imanente", que o Deus que nos salva da nossa alienação e nos atrai para dentro de uma comunhão de amor *é* o Pai, o Verbo e o Espírito. O processo pelo qual chegamos a conhecer algo da vida interior de Deus é o mesmo processo pelo qual somos espiritualmente transformados, liberados, iluminados.

Você poderia estender um pouco mais a analogia entre o critério científico e o teológico, e dizer que a "estrutura" corresponde à "Trindade imanente" e o "processo" à "Trindade econômica". Ao sermos atraídos para dentro de uma teia dinâmica de relações com Deus – a "economia" divina – chegamos num ponto em que ocorre uma reviravolta paradoxal. Na ciência, a estrutura é vista como a manifestação de um processo subjacente; mas a teologia penetra abaixo do processo e descobre a "estrutura" de Deus, que é, ela mesma, uma teia dinâmica de relações.

DAVID: Em outras palavras, não estamos mais falandc sobre três Algos que ficam sentados lá fora; estamos falando sobre isso em termos dinâmicos, em termos de como estamos incrustrados nessa realidade.

THOMAS: É exatamente isso. Você sabe, às vezes os cristãos se esquecem da maneira como a Igreja veio a saber a respeito da Trindade de Pessoas no Deus uno. Eles imaginam que essa doutrina chegou até nós, por assim dizer, bem-empacotadinha diretamente do céu. Se fosse assim, então, por que a Igreja teve de organizar uma longa série de concílios ecumênicos com a finalidade de descobrir, depois de uma ampla pesquisa de todas as dificuldades envolvidas, as palavras para expressar o inexprimível mistério de Deus? Não há dogmas recebidos bem-empacotadinhos! O laborioso esforço para se chegar a uma solução, que leva a um entendimento compartilhado sobre o mistério é, em si mesmo, um momento no processo da salvação, da libertação e da iluminação. A Trindade "econômica", a Trindade que "realmente importa", porque tem que ver com o nosso ser transcendentalmente humano, simplesmente *é* a Trindade de Deus, a divina auto-experiência do próprio Ser. O dogma trinitário "realmente importa" porque o nosso caminhar às apalpadelas (coletivamente, enquanto corpo da Igreja, e individualmente, enquanto cristãos isolados) em direção a um entendimento mais claro do mistério é, de certa forma, o próprio mistério. Nossa luta para conhecer a Trindade como a Trindade é em Deus (a Trindade "imanente") é parte integrante essencial do próprio conhecimento, e torna o processo de conhecimento idêntico ao processo de ser salvo, liberado, iluminado.

DAVID: Eu gostaria que mais pessoas pudessem ter a Trindade apresentada a eles dessa maneira! Eles poderiam compreender como a nossa vida compartilha desse processo de revelação.

FRITJOF: Desse modo, a revelação é um processo. Você poderia dizer, então, que a revelação é um processo de ganhar conhecimento, e que a teologia consiste em ganhar conhecimento a respeito da revelação? Há, portanto, dois processos para ganhar conhecimento, dois níveis.

DAVID: Eis a questão. No critério 3, estamos lidando com algo muito diferente daquilo com que o critério 2 lida. No critério 2, dizemos que a teologia desvia a sua atenção do produto para o processo de revelação. Agora, no critério 3, notamos que fazer teologia é um processo que implica a nossa percepção mística e deve refletir explicitamente sobre esse fato epistêmico.

FRITJOF: Desse modo, a revelação é um processo de conhecimento da realidade divina (2), e a teologia é um processo de conhecimento a respeito da revelação (3). No critério 3, dizemos que nossos métodos de observação e que nossas técnicas têm de entrar na teoria; é por isso que a chamamos de epistêmica. A dificuldade que eu tinha resultava do fato de que a própria revelação é um processo de conhecimento, enquanto que a fotossíntese nas árvores, por exemplo, não é um processo de conhecimento.

DAVID: E é por isso que os dois critérios estão mais intimamente relacionados na teologia; mas ainda podem ser distinguidos.

4. Mudança de construção para rede enquanto metáfora do conhecimento

FRITJOF: Metáforas arquitetônicas são utilizadas freqüentemente na ciência para falar a respeito do conhecimento. Falamos a respeito de "blocos de construção básicos da matéria", de "equações fundamentais", de "princípios fundamentais", e assim por diante. O conhecimento deve ser construído sobre alicerces firmes. Então, ocorrem as mudanças de paradigma, abalando os alicerces, e todos ficam muito nervosos. Agora, estamos mudando da metáfora do conhecimento enquanto construção para a metáfora do conhecimento enquanto rede, uma teia na qual tudo está interligado. Não há um acima e um abaixo; não há hierarquias; não há algo que seja mais fundamental do que qualquer outra coisa. Essa mudança nas metáforas, do conhecimento enquanto construção para o conhecimento enquanto rede, é meu quarto critério.

DAVID: Em teologia acontece exatamente o mesmo. As mesmas metáforas arquitetônicas eram usadas durante o tempo todo no velho paradigma – nas nossas crenças básicas, na nossa estrutura básica de crença, e assim por diante.

THOMAS: Mais importante ainda que a metáfora era a concepção de conhecimento, em geral estática, que ela implicava. Na teologia do velho paradigma, a "verdade revelada" era uma entidade estática, enviada para baixo, *en bloc*, vinda do céu. Os enunciados teológicos eram "objetivos", e transmitiam um significado que não dependia das pessoas que acreditavam nem da sua cultura. Hoje, a metáfora da "rede" está começando a predominar na teologia. Há uma grande parcela de entrelaçamento em termos de interdisciplinaridade e de cruzamento cultural, mais ainda do que nas ciências físicas. Talvez este seja outro exemplo no qual a teologia tem avançado mais rapidamente do que a ciência.

FRITJOF: Na ciência, essa mudança é uma das coisas mais difíceis de serem aceitas, pois os cientistas estão muito condicionados pela velha metáfora. Ela ficou tão arraigada na linguagem da ciência que é difícil agora mudar para esse "pensamento de rede". Por exemplo, a maioria dos biólogos pensaria que o nível genético do ADN, o código genético, e assim por diante, é realmente o nível básico que determina tudo o mais. No novo pensamento, você diria que este é um nível, um aspecto dos sistemas vivos, mas não é o único sobre o qual tudo o mais se edifica.

A variedade das teologias cristãs

DAVID: Pelo lado teológico, há também um paralelismo quanto a esse aspecto. Esta é uma das coisas mais difíceis de serem aceitas por certas pessoas, em particular por aqueles teólogos que têm grande interesse em conservar tudo rigidamente fixado no lugar. Você ouve atualmente comentários de velhos teólogos, que dizem: "Não devemos permitir esse grande número de diferentes vozes de teólogos. Não devemos permitir essa grande variedade de pontos de vista porque isso apenas confunde os fiéis." Por trás disso está a idéia de que no começo da teologia cristã havia essa fé apostólica, sólida e monolítica. De certo modo, ela estava lá no Pentecostes, mais ou menos já pronta. Tudo o que era necessário era desenvolvê-la mais detalhadamente. No decorrer do tempo, várias heresias nasceram dessa fé original, monolítica.

Entretanto, na realidade, o quadro é muito diferente. Foi bem estabelecido por pesquisas históricas feitas durante as últimas décadas que não havia, simplesmente, uma teologia cristã única durante o século I; havia grande variedade de teologias, todas igualmente cristãs, embora fossem muito diferentes umas das outras. Na verdade, somente graças a essa diversidade multicolorida é que foi possível expressar o espectro completo da *lumen Christi*, da luz de Cristo una. É por isso que o Novo Testamento permite que teologias tão diferentes como as de Paulo e de Tiago, de João, de Pedro e de Lucas permaneçam lado a lado. Não se fez nenhuma tentativa no sentido de homogeneizá-los. Eles se equilibram e se corrigem uns aos outros.

THOMAS: Atualmente, os teólogos admitem essa crítica histórica, e a aplicação de seus métodos à Bíblia forçou a teologia cristã a reconhecer, mesmo que fosse apenas para não cair em contradições, a pluralidade de perspectivas teológicas no Novo Testamento. Embora nenhum autor bíblico, nem mesmo São Paulo, tenha elaborado um sistema teológico completo, você pode, e deve, falar a respeito de várias teologias, no sentido de que há várias perspectivas sobre o mistério de Cristo.

DAVID: Todas elas compartilharam de uma convicção comum: "Jesus Cristo é o Senhor." Poderíamos nos surpreender, e perguntar: "Isso é tudo?" Bem, pode ser esse, na verdade, o único terreno comum compartilhado por todas as teologias cristãs primitivas. Uma pequena parte de terreno, mas que também é um sólido pedaço de alicerce, firme o suficiente para suportar o peso de todas as futuras teologias. Dizer: "Jesus Cristo é o Senhor" não é apenas poesia devota, não é apenas uma aclamação entusiasta. É um compromisso para avaliar todos os assuntos públicos de acordo com o padrão que Jesus Cristo estabeleceu por meio de sua vida e de seus ensinamentos. Uma vez que tenhamos uma expressão muito clara e muito firme do núcleo da fé reconhecida por todos, podemos nos dar o luxo de permitir uma grande diversidade naquilo que é menos fundamental. Hoje, estamos redescobrindo o princípio de Santo Agostinho: "Nas coisas essenciais, a unidade; nas coisas não essenciais, a liberdade; em todas as coisas, a caridade." Contanto que mantenhamos esse elo comum, quanto maior for a variedade de teologias que tenhamos atualmente, melhor.

Deus como o arquiteto

FRITJOF: Penso que aqui há uma ligação, não apenas um paralelismo mas uma verdadeira ligação, entre ciência e teologia. A ciência do velho paradigma acreditava que havia uma teoria científica definitiva sobre o mundo, uma construção com alicerces sólidos. Os alicerces eram as peças fundamentais da matéria, as leis fundamentais, as forças fundamentais da natureza, as equações fundamentais.

Newton e seus contemporâneos acreditavam que a natureza era um livro no qual podíamos ler a vontade de Deus, a maneira como Deus criou o mundo. Desse modo, o que você realmente lê é a mente de Deus na natureza, no sentido de que Deus nos revela o conjunto das verdades. Como cientistas, fazemos isso observando a natureza e, a seguir, deduzindo, a partir dessa observação, como Deus criou a natureza e todas essas coisas fundamentais. Em teologia, você também diz que há um conjunto de verdades fundamentais que foi revelado por Deus. Desse modo, no velho paradigma, Deus é realmente o criador desse conjunto tanto na ciência como na teologia.

THOMAS: Poucas pessoas sabem a respeito dos interesses teológicos de Newton. Na verdade, ele dedicou a maior parte de seus anos de maturidade a pesquisas bíblicas que hoje consideraríamos infrutíferas, como, por exemplo, a de calcular a data da criação a partir das idades dos patriarcas no Livro do Gênesis.

DAVID: Parece-me que você nem mesmo precisa voltar à época de Newton, pois embora a referência a Deus tivesse caído fora do quadro, o quadro em nada mudou.

FRITJOF: Não, o quadro não mudou. Na verdade, é bem interessante o fato de que, na ciência contemporânea, Deus não tenha caído totalmente fora do quadro. Deus caiu fora dos textos oficiais, e, por isso, você não encontrará Deus num artigo científico. Mas você o encontrará freqüentemente como metáfora. Um dos exemplos mais famosos é a frase de Einstein: "Deus não joga dados."

DAVID: Você não atribuiria esse fato ao pensamento do velho paradigma?

FRITJOF: Oh sim, com toda a certeza. Essa é uma velha noção de Deus, um Deus que está separado da criação, que fica sentado lá fora, em algum lugar do vazio, jogando dados, e que a seguir se expande, de acordo com o que o dado mostra, e se intromete no mundo.

DAVID: Você está dizendo que esta é a noção de Einstein? Ele diz explicitamente: "Deus *não* joga dados."

FRITJOF: Sim, mas ele usa essa metáfora. Ele não diz que essa é a noção errada de Deus. Ele discute se Deus está ou não jogando dados. Para Einstein, Deus interfere com o mundo de uma maneira diferente, de uma maneira que é muito mais significativa, mas ele ainda está sentado lá fora fazendo alguma coisa com o mundo, impondo sua vontade sobre o mundo.

A propósito, é exatamente essa a posição de Stephen Hawking. Deus fica sentado lá fora e tem várias opções, e Stephen Hawking se pergunta sobre qual é a opção que ele irá fazer. Hawking é um dos mais brilhantes cientistas da atualidade, e seu livro, *A Brief History of Time* [Uma Breve História do Tempo], é brilhante em termos de física e de cosmologia, mas está no nível de catecismo de escola primária em termos de teologia. E está cheio de teologia! Deus está presente em cada capítulo. Hawking diz explicitamente: "Quero entender a mente de Deus."

No velho paradigma, onde você tinha a construção do conhecimento, Deus é realmente o arquiteto da construção. Os elementos fundamentais, os blocos de construção fundamentais, são fundamentais porque Deus, como arquiteto, os introduziu nela. Estamos apenas descobrindo quais são eles.

No novo paradigma, há coisas que são fundamentais em cada modelo científico. Por definição, essas coisas fundamentais desafiam uma explicação posterior. Mas este é tão-somente um estado de coisas temporário. No modelo seguinte, mais abrangente, algumas dessas coisas serão explicadas. Isso significa que algumas delas serão relacionadas com outras, e serão colocadas num contexto mais amplo. Não obstante, enquanto fizermos ciência, algumas coisas permanecerão sempre inexplicadas.

Num certo sentido, o que é fundamental depende do cientista. Não se trata de algo objetivo. Nesse pensamento de rede, onde todos os conceitos e todas as teorias estão interligados, você pode muito bem ter uma teoria na qual alguns elementos "fundamentais" são explicados por outra teoria. Portanto, o que é fundamental é uma questão de estratégia científica. Depende do cientista e não é permanente.

DAVID: Na verdade, não faz absolutamente nenhuma diferença o fato de Deus ser mencionado ou não nesses textos. Ou faz?

FRITJOF: Não, não faz. É apenas interessante, de um ponto de vista sociológico, o fato de que Deus entra neles às escondidas.

DAVID: E o fato de Deus ser mencionado de modo explícito não faz com que isso seja, necessariamente, velho paradigma.

FRITJOF: Não necessariamente, mas em geral é o que acontece, porque em geral Deus é mencionado no sentido do velho paradigma, como o criador do universo ao velho estilo, isto é, no sentido fundamentalista.

THOMAS: Aparentemente, o fundamentalismo é, nos dias de hoje, um problema cultural geral, que envolve não só a teologia mas também outros campos.

DAVID: Você tem alguma idéia de como se poderia falar a respeito de Deus, ou, se você não quer usar esse termo, a respeito da Realidade Suprema no novo paradigma?

FRITJOF: Sim. Para um cientista, isso seria o horizonte da teoria. Quando atinjo os limites da teoria, quando digo: "Agora, há tanto contexto, tanta interligação, que não me é mais possível expressar isso em palavras." Seria essa a área na qual você poderia falar a respeito de Deus, se o quisesse. Mas você não introduziria, no âmbito da teoria científica, Deus como o criador. Hoje, as pessoas não fazem isso seriamente; elas o fazem metaforicamente.

DAVID: Posso estender-me um pouco mais sobre isso? Como podemos falar a respeito de Deus no novo paradigma? Os momentos de encontro religioso são sempre momentos nos quais alguma coisa se torna significativa. Em outras palavras, você vê algo no seu contexto definitivo. Temos uma expressão idiomática na qual afirmamos: "Isso me diz alguma coisa" ou "Isso fala a mim". Essa idéia de um diálogo é muito forte no contexto da busca do significado.

Soa verdadeiro a você – agora não necessariamente enquanto cientista, mas enquanto ser humano que tenta ver as coisas no seu contexto definitivo – dizer que, graças ao fato de descobrir sentido no mundo, de entender mais profundamente este mundo, temos a experiência de estar em contacto com a fonte disso tudo, no sentido de que ela "nos diz alguma coisa"? Ela nos diz alguma coisa a respeito de si mesma; nos diz alguma coisa a respeito de nós mesmos. O modelo de um diálogo não é completamente inaplicável.

FRITJOF: Não, não é.

DAVID: Estou satisfeito com a sua resposta, pois essa dimensão dialógica do significado corresponde, com muito vigor, à minha própria experiência. Se você pode ver isso, teremos um novo modo de introduzir Deus nesse quadro. Então, Deus não é mais o único que criou este mundo desta ou daquela maneira; em vez disso, passamos agora para uma interação histórica. Foi a isso que chamei de processo histórico de revelação, no qual somos parceiros ativos. Existem afirmações místicas na tradição ocidental que apontam para essa compreensão. Há, por exemplo, um enunciado islâmico (penso mesmo que ele provém do Corão): "Eu era um tesouro escondido e, assim, para que fosse encontrado, criei o mundo."

FRITJOF: Entre os mitos hinduístas, há o conceito de *lila*, o "jogo divino", que é muito semelhante.

THOMAS: Esse é certamente um dos pontos nos quais a tradição da sabedoria do Mediterrâneo coincide com a da Índia e a da Ásia. No Livro dos Provérbios, no Capítulo 8, fala-se da Sabedoria personificada como uma figura feminina que brinca ao lado de Deus no momento da criação. A Sabedoria está no brincar. Eis aqui outro ponto importante: O trabalho está para o brincar assim como o propósito está para o significado; trabalhamos para alcançar uma finalidade, mas brincamos para chegar ao significado. O nosso conhecimento do significado do universo depende da nossa habilidade para entrar na lógica do brincar da Sabedoria. Lembre-se também de que a teologia implícita na Sabedoria do Velho Testamento é retomada pelo Novo, que a elabora em termos do seu entendimento a respeito do mistério do Verbo encarnado em Jesus, e a respeito do Espírito – em hebraico, a palavra *Espírito* é feminina – que é derramado sobre os discípulos no Pentecostes.

DAVID: Numa história judia tirada do misticismo hassídico, um garotinho, o neto do rabi, chega gritando e diz: "Eu me escondi tão bem que ninguém estava procurando por mim." Essas crianças estavam brincando de esconde-esconde. O rabi, com lágrimas nos olhos, diz: "Oh, agora eu sei o que Deus está me dizendo: 'E me escondi tão bem que ninguém está procurando por mim.' " Há, desse modo, um jogo em andamento, e somos convidados a entrar nele.

Diálogo com a natureza

FRITJOF: Isto se relaciona com algo na ciência que, a meu ver, é muito importante. A ciência do velho paradigma, como discutimos anteriormente, é motivada pelo desejo de dominar e de controlar a natureza. O novo paradigma reconhece, antes de mais nada, que o mundo é vivo, que não é mais um sistema mecânico e morto, mas um sistema vivo, que tem a sua própria inteligência, a sua própria "atenção" (*mindfulness*),* como dizia Bateson. Portanto, a investigação da natureza torna-se um diálogo. E assim, a metáfora muda de dominação e de controle para diálogo. Realmente, essa metáfora do diálogo tem sido usada em toda a ciência clássica, assim como em toda a ciência moderna. Usualmente, ela é apresentada como um diálogo com a natureza. Os cientistas não usariam o termo *Deus* nesse contexto, mas o significado chega muito perto.

DAVID: A teologia simplesmente colocaria isso no contexto definitivo e diria que o nosso diálogo com a natureza pode ser entendido como um diálogo com a fonte mais profunda de todas as coisas, a nascente divina. É nesse contexto que o cientista e o teólogo estão realmente unidos numa mesma busca.

Tolerância e pluralismo

FRITJOF: Ainda tenho algumas dúvidas quanto à questão das diferentes perspectivas na ciência e na teologia. Um dos grandes patrocinadores desse pensamento-de-rede na ciência é Geoffrey Chew, na sua física *bootstrap*. De acordo com a teoria de Chew, a natureza não pode ser reduzida a quaisquer entidades fundamentais. A realidade física é concebida como uma teia dinâmica de eventos inter-relacionados. As coisas existem em virtude de suas relações mutuamente compatíveis, e tudo na física tem de partir unicamente da exigência de que seus componentes sejam compatíveis uns com os outros. Chew escreve num de seus primeiros artigos: "Alguém que é capaz de olhar sem preconceitos para modelos diferentes, sem dizer que um é mais fundamental que o outro, é, automaticamente, um *bootstrapper*." Em outras palavras, essa filosofia *bootstrap*, ou filosofia de rede, leva a uma atitude de tolerância.

Vocês dizem que sempre houve várias perspectivas na teologia. Então, uma delas monopolizou a teologia católica e se autodenominou tradição católica. E agora, há novamente na teologia contemporânea várias perspectivas. No entanto, a Igreja Católica é conhecida como muito intolerante. O papa e a hierarquia da Igreja têm sido, com freqüência, muito intolerantes. Qual é a situação atual com relação ao pluralismo?

THOMAS: A situação é ambígua, como sempre. Qualquer historiador honesto da Igreja reconhecerá que o "pluralismo teológico" tem geralmente tangido os sinos errados na cristandade desde Constantino. Desse modo, você tem de distinguir entre a intolerância sócio-política, que pode prevalecer até mesmo na Igreja, e o fato de que há uma pluralidade de perspectivas e de ênfases teológicas. Atualmente, essa pluralidade é um fato, e minha impressão é a de que as tentativas que há hoje para se freá-la estão fadadas a serem menos bem-sucedidas do que o foram no passado.

* Isto é, sua própria "plenitude mental" (*mind fulness*). Além disso, a palavra *mindfulness* também significa *cuidado, diligência*. (N. T.)

DAVID: Ter uma doutrina monolítica é, naturalmente, considerado uma vantagem por qualquer estrutura de poder monárquico.

FRITJOF: Uma ideologia.

DAVID: Sim, é isso o que uma ideologia é: uma doutrina que se torna subserviente ao poder. Desse modo, a teologia está sempre em perigo de se converter numa ideologia se for manipulada por uma hierarquia autoritária. Onde quer que você tenha uma estrutura autoritária de poder, e isso também em algumas das outras igrejas, a teologia tende a se tornar um instrumento de poder. O Concílio Vaticano II enfatizou uma distribuição sadia de poder dentro da Igreja por meio do colegiado de bispos. Naturalmente, de mãos dadas com esse evento, surgiu um pluralismo de opiniões teológicas dentro da Igreja.

FRITJOF: Onde se encontra hoje o pluralismo em teologia?

THOMAS: Talvez eu possa dar uma resposta geral. A pluralidade de perspectivas em teologia, atualmente, é conseqüência de três fatos sócio-culturais: comunicações globais, que possibilitaram a pessoas em toda parte vivenciarem sua unidade-na-diversidade com qualquer outra pessoa; a percepção emergente de que as mulheres, os pobres, os oprimidos podem e devem conquistar o poder – espiritual, econômico, político – necessário para sua própria libertação; e o encontro e o diálogo entre as tradições religiosas da humanidade. O terceiro desses fatos foi visivelmente promovido pelo papa João Paulo II; lembre-se do encontro dos representantes religiosos em Assis, em 1986. E, desse modo, vemos aqui os princípios de uma teologia expressa em termos hinduístas ou budistas ou africanos. A teologia da libertação, a despeito de algumas declarações negativas do Vaticano – vindas não tanto do papa mas de um ou de outro de seus colaboradores – continua a florescer, e tem se difundido da América Latina para a Ásia e para a África. Tudo isso está acontecendo dentro do limite de alcance da voz de cada pessoa que habita o planeta.

DAVID: Um exemplo específico seria um espectro mais amplo de concepções teológicas referentes à Eucaristia. No velho paradigma, você tem de utilizar um determinado conjunto de termos para descrever a Eucaristia, sendo que o termo-chave é *transubstanciação*. Mas isso pressupõe todo um constructo de filosofia com o qual muitas pessoas atualmente não estão mais familiarizadas.

O novo pensamento em teologia regozija-se com uma grande variedade de maneiras de falar a respeito desse mistério central do culto cristão. Não deveríamos nos regozijar por haver essa variedade de perspectivas e de interpretações, contanto que não estejam em contradição com a crença central una?

FRITJOF: Você quer dizer: o que Cristo significava, qual foi a sua mensagem?

DAVID: Exatamente. Com o significado básico segundo o qual por intermédio dessa ação de culto em particular nós nos comunicamos com Deus de uma maneira única, através de Cristo no Espírito Santo, e desse modo, com todos os outros seres humanos e com todas as outras criaturas. Isto seria inquestionavelmente fundamental e, enunciado dessa maneira, seria aceitável por parte de muitas teologias diferentes.

FRITJOF: Você poderia relacionar isso com o sentido do pertencer?

DAVID: Bem, seria possível entender a Eucaristia como uma celebração do nosso pertencer supremo, e, como tal, ela tem de ser totalmente abrangente. Isso significaria, naturalmente, que cada um de nós é bem-vindo à mesa, pois é a isso que se refere o pertencer. Entendida dessa maneira, a Eucaristia seria a celebração do nosso pertencer à única tradição de Jesus Cristo; mas, em virtude de seu próprio simbolismo, explodiria essa tradição de modo a incluir todas as tradições. Seria uma celebração do pertencer à totalidade da criação como um todo, uma celebração do nosso pertencer supremo a Deus.

FRITJOF: E, naturalmente, não há nada mais apropriado à celebração desse pertencer que uma refeição, pois os ciclos ecológicos são tais que comemos uns aos outros. Esse é o ciclo do nascimento e da morte. O pertencer supremo a um ecossistema corresponde ao fato de que estamos entrelaçados nesses ciclos de nascimento e de morte, e é isso o que celebramos quando fazemos uma refeição.

DAVID: O que você acaba de dizer é um bom exemplo da maneira como o pensamento do novo paradigma na ciência pode nos proporcionar uma nova apreciação das realidades religiosas. A teologia eucarística lida com os mistérios da morte e da vida. É em vista da sua morte que Jesus Cristo está nos oferecendo o seu corpo para ser comido. Na tradição cristã, existem até mesmo referências ao fato de que, comendo desse pão, você se torna pão para todos os demais. Esse vigoroso aspecto comunal da Eucaristia é enfatizado pelo novo pensamento na teologia.

No entanto, sempre tenho de dizer que o novo pensamento na teologia é, na verdade, um retorno ao pensamento mais antigo. Isso pode não ter sido enfatizado com força suficiente. Estamos falando sobre a mais antiga maneira de pensar, a maneira original de pensar, a respeito dos mistérios cristãos. Aquilo que você chama de velho paradigma em teologia não é realmente o mais antigo. Eu gostaria de saber se isso também não é verdade em relação ao novo paradigma na ciência. A pré-ciência tem uma história de milhares de anos ao longo dos quais as pessoas estavam mantendo um diálogo com a natureza. Eu gostaria de saber se não há aí um paralelismo.

FRITJOF: Há definitivamente um paralelismo. Num certo sentido, estamos retornando à era pré-industrial, à era pré-moderna. Mas não se trata *apenas* de um retorno. Na ciência do novo paradigma e no novo paradigma social, há importantes diferenças entre aquilo a que agora chamamos de novo paradigma e aquilo que estava acontecendo antes do velho paradigma.

Por exemplo, há hoje muitos paralelismos entre a ciência medieval e a ciência do novo paradigma. Há o holismo, a integração, a percepção ecológica, mas há também muitas diferenças. Uma destas seria, por exemplo, os modos patriarcais de expressão, a ordem patriarcal.

DAVID: Mas a abordagem básica na ciência medieval parece estar mais próxima do novo pensamento do que, digamos, a ciência do século XIX.

FRITJOF: Sim, de muitas maneiras. Mas, naturalmente, também construímos a ciência do novo paradigma com base nas realizações da ciência galileana, newtoniana. Fazemos a ciência com instrumentos e com tecnologia que são construídas com base nas conquistas newtonianas.

DAVID: A consistência e a continuidade também parecem importantes na teologia.

THOMAS: Eu diria que elas são essenciais na teologia. Newman, em seu clássico *Essay on the Development of Doctrine* [Ensaio sobre o Desenvolvimento da Doutrina], utilizou a metáfora do crescimento desde a infância até a idade adulta. Ou você poderia voltar às palavras de Jesus: "Eu não vim para destruir, mas para cumprir."

FRITJOF: Gostaria de voltar ao sistema monolítico do velho paradigma e ao pluralismo no novo paradigma, tanto na ciência como na teologia. Penso que há um paralelismo muito interessante entre os dois campos. Na ciência, a estrutura monolítica é vigorosamente preservada pelos conselheiros científicos dos governos, que são, em parte, administradores (eles constituem uma parcela da estrutura do poder) e, em parte, cientistas.

DAVID: Posso pensar, de imediato, em paralelismos na Igreja.

FRITJOF: Certo. Eles não são realmente cientistas, pois não fazem mais ciência; ficam sentados em Washington e dão conselhos ao governo. Não fazem pesquisas, e porque não as fazem, não estão a par dos desenvolvimentos mais recentes, representando com vigor a ciência do velho paradigma.

DAVID: Também temos exemplos desse tipo. Pessoas que certa vez foram teólogos bastante progressistas e que agora ocupam posições de poder no Vaticano, exatamente como os seus conselheiros científicos em Washington. Não penso que eles tenham perdido contacto com os desenvolvimentos teológicos. Em nosso caso, é mais uma questão de preocupação pastoral. Eu lhes darei crédito por isso. Eles temem que os fiéis fiquem confusos se permitirmos o pluralismo em teologia. O que parece contraditório aos conservadores é simplesmente a presença de toda uma variedade de perspectivas sobre uma única realidade.

FRITJOF: O ponto crucial aqui é o fato de você dizer que estamos falando a respeito de perspectivas sobre a mesma *realidade*. A teologia do velho paradigma sequer se preocupava com a realidade, mas apenas com o ensinamento. Se você considera o ensinamento como a realidade, então não podem haver perspectivas.

DAVID: Há alguma verdade nisso. E a variedade das perspectivas também é necessária por razões pastorais. Ao permitir várias perspectivas, estamos fazendo com que uma compreensão genuína se torne acessível a uma grande variedade de pessoas. Quando reduzimos a doutrina cristã a uma única versão, estamos excluindo todas as pessoas para as quais essa versão não é aceitável, mas nas quais outra versão igualmente válida encontraria ressonância.

THOMAS: O problema básico na teologia católica oficial sempre foi a tendência para confundir a integridade da doutrina com a integridade da fé. Naturalmente, nenhum teólogo em seu juízo perfeito diria que a doutrina enquanto formulada em palavras e em conceitos é o objeto da fé; somente Deus o é. Mas o medo do erro tem levado, às vezes, os teólogos a se apegarem às fórmulas de uma maneira que chega às raias da idolatria.

5. Mudança de descrições verdadeiras para descrições aproximadas

A aproximação em ciência

FRITJOF: Na ciência, o fato de reconhecermos que nossas afirmações são limitadas e aproximadas está fortemente ligado ao reconhecimento de que estamos lidando com uma rede de relações da qual nós mesmos somos parte. Mas se tudo está vinculado com todas as outras coisas, como se pode chegar a explicar qualquer coisa? A explicação, como dissemos antes, está nos mostrando como as coisas estão interligadas com outras coisas. Se tudo está ligado com tudo, você não pode explicar coisa alguma, certo?

As propriedades de qualquer parte surgem da maneira como elas estão relacionadas com as propriedades das outras partes. Você nunca poderá esperar obter a explicação de uma propriedade de uma parte qualquer a menos que aceite explicações aproximadas. A expressão "explicações aproximadas" significa que você está levando em consideração algumas das interconexões, mas não todas. Você faz progressos incluindo cada vez mais coisas, mas nunca obterá o quadro completo. Por exemplo, na mecânica newtoniana, a resistência do ar em geral não é levada em consideração. Na física das partículas, os efeitos da gravidade são geralmente negligenciados, e assim por diante. É este o método científico; passamos de modelo aproximado para modelo aproximado, e melhoramos a aproximação.

THOMAS: O modelo de manual de teologia, pela sua própria forma, como "*summa*" ou compêndio, sugeria que nosso conhecimento teológico era exaustivo. O novo modelo, pelo fato de colocar maior ênfase no mistério, reconhece o caráter limitado e aproximado de todos os enunciados teológicos. A teologia nunca poderá fornecer uma compreensão completa e definitiva dos mistérios divinos. O teólogo, como qualquer pessoa que crê, não descobre a verdade última no enunciado teológico, mas sim na realidade à qual esse enunciado confere uma certa expressão verdadeira, embora limitada.

Dogma

FRITJOF: A essa altura, seria conveniente discutir a noção de dogma, que tem desempenhado um papel tão importante na história da teologia católica. O que é dogma?

DAVID: Eu diria que no empreendimento teológico acontece, às vezes, de você descobrir pontos muito importantes que estão sendo questionados. O dogma é quase sempre uma resposta nesse questionamento. Principia com uma discussão a respeito de algum ponto tão importante que todo o modelo depende dele. Por isso, é despendido um esforço enorme na resolução desse problema. No fim, uma decisão dogmática resolve conclusivamente a disputa.

Mas o dogma é um enunciado *sobre* a realidade; ele jamais alcança a realidade que está por trás dele; ele é apenas aproximado. Tendemos a nos esquecer disso. A coisa decisiva a respeito de um dogma é o fato de que você pode dizer: "Este aspecto particular da doutrina tem sido examinado, e foi fixado e definido. Não desperdicemos nossa energia. Esse aspecto foi solucionado." Tome, por exemplo, a doutrina segundo a qual a humanidade e a divindade estão unidas em Jesus, e não misturadas nele. Estabelecendo discussões nesse sentido, o dogma pode oferecer grande ajuda. Ele libera a nossa energia e torna-se um ponto de partida para explorações posteriores. Gosto de tomar emprestada uma expressão de Christopher Fry, e conceber a teologia como uma "exploração dentro de Deus", nele penetrando de degrau em degrau.

FRITJOF: A ciência também tem esses degraus. Mas o que é tão importante na nossa nova compreensão da ciência é o fato de que qualquer um deles está sujeito à revisão a qualquer momento. Não há verdade permanente, e não há verdade absoluta, no sentido de uma identidade entre a descrição e a coisa descrita.

Mas o significado popular de dogma é algo que você tem de aceitar como a verdade, e não como apenas um modelo.

THOMAS: Dogma nesse sentido popular implica um ato de vontade. "Você tem de aceitar o dogma. Você não tem de entendê-lo; apenas tem de aceitá-lo. E você não pode questioná-lo." Penso que esse modo de entender o termo *dogma* é prejudicial a um uso genuinamente religioso do dogma. Também torna impossível o *desenvolvimento* do dogma.

FRITJOF: Naturalmente, não é acidental o fato de ser essa a maneira como o dogma é popularmente entendido. Todos nós sabemos que a Igreja tem insistido nisso durante séculos.

DAVID: Ainda hoje, ou você aceita uma determinada afirmação dogmática da maneira como ela se apresenta ou terá de arcar com terríveis conseqüências.

FRITJOF: No passado, queimavam você na fogueira. Qual é a história desse termo? Houve, na época do cristianismo primitivo, um emprego da palavra *dogma* no sentido que vocês dois a estão utilizando? E esse sentido, a seguir, estratificou-se? Ou essa é uma nova maneira de considerá-lo?

THOMAS: Penso que as duas maneiras sempre estiveram presentes. O processo de tomada de decisões que definiu os dogmas – os encontros de bispos chamados concílios gerais ou concílios ecumênicos da Igreja – teve início no século IV, durante o reinado de Constantino. Nessa época, o cristianismo foi legalizado, acabando por se tornar a religião oficial do Império Romano. Portanto, há um aspecto sócio-político no desenvolvimento do dogma. Em outras palavras, se você vai pertencer ao Império Cristão, terá de se conformar não só com certas maneiras de se comportar, mas também com certas maneiras de pensar. Ao mesmo tempo, os grandes pensadores da Igreja estavam preocupados principalmente com aquilo que o dogma significava para o crescimento espiritual da pessoa e da comunidade. Dizem eles que o propósito dos dogmas é garantir que você prosseguirá no seu crescimento espiritual, e chegará a uma profunda experiência pessoal do mistério que o dogma só consegue expressar de maneira aproximada.

Deixe-me acrescentar uma nota sobre as palavras *dogma* e *ortodoxia*. Elas provêm do verbo grego *dokein*, que significa "parecer", ou "ser reconhecido", "ter uma reputação". Dessa forma, a palavra *dogma*, originalmente, significava "opinião", especialmente a opinião que eu tenho de uma pessoa, como na expressão: "Tenho uma alta opinião sobre você." É esse o sentido positivo de opinião. "Opinião intelectual" é um segundo significado; e o terceiro significado é "um ensinamento oficial", o ensinamento ou o dogma de uma escola filosófica, o dogma, finalmente, de uma igreja.

O que era igualmente importante para o cristianismo primitivo era o outro termo derivado do verbo *dokein*, que é *doxa*, e que significa "glória", a manifestação para mim das qualidades de uma pessoa. Eu formo a minha opinião com base na *doxa*, com base na glória dessa pessoa. Portanto, *ortodoxia* significa a maneira correta de glorificar a Deus, que a si mesmo se manifesta para nós, e também a percepção correta da glória que emana de Deus. Dogma é a nossa glorificação de Deus e da glória, a *doxa*, que emana de Deus.

DAVID: Para nós, atualmente, é necessário estabelecer essa noção dentro da perspectiva correta. Para nós, glória tende a sugerir simplesmente a pompa e a circunstância de algum Deus patriarcal e hierárquico entronado lá no alto. Temos de retroceder no tempo até antes da época em que essa concepção errônea estava engatinhando. Quando o grego ainda era a língua oficial da Igreja, obtivemos, para esta pergunta: "O que *é* a glória de Deus?", a seguinte resposta: "A glória de Deus é o ser humano plenamente vivo." Esta afirmação, feita por Santo Irineu, é um dos mais antigos enunciados teológicos.

THOMAS: A glória de Deus, então, está mais próxima do sentido da seguinte exclamação: "Que glorioso pôr-do-sol!" Essa luminosidade que esclarece toda a paisagem, incluindo a nós mesmos.

DAVID: Fritjof, você perguntou se a maneira como apresentamos o dogma é nova ou tradicional. A resposta deve ser: é ambas as coisas. Infelizmente, tem existido em todas as épocas, e ainda existem hoje, pessoas que sustentam uma concepção muito estreita de dogma; elas identificam um enunciado dogmático a respeito da verdade com a verdade a respeito do qual o enunciado é feito. Mas tem havido outras pessoas, ao longo de toda a história da tradição cristã, que não compartilharam dessa compreensão estreita do dogma. Um exemplo seria Santo Tomás de Aquino. Ele entendia que a fé se refere à realidade a respeito da qual o enunciado dogmático é feito, e não ao próprio enunciado no seu estilo particular.

THOMAS: Você não realiza um ato de fé num enunciado; você não realiza um ato de fé numa definição dogmática. Você realiza um ato de fé na realidade.

FRITJOF: Bem, nesse ponto pode ser útil comparar tudo isso com a tradição budista. Buda, como vocês sabem, apresentou as Quatro Nobres Verdades. E da maneira como eu o entendo, é este o ensinamento de Buda: "Vejam, vocês não são felizes da maneira como são. Posso apresentar quatro enunciados a respeito de sua vida interior que serão úteis a vocês. Posso lhes garantir que, se agirem de acordo com estes enunciados – a vida é sofrimento; este provém do apego; a situação tem remédio; eu lhes darei o remédio (O Caminho Óctuplo) – vocês superarão seus problemas."

Ora, se alguém me diz isso, ele não está fazendo uma afirmação a respeito do mundo. Como vêem, o problema no cristianismo está no fato de que lhe pedem para acreditar que o mundo é dessa maneira, e que Deus é aquela pessoa, e assim por diante. Esse tipo de coisa desafia você, porque faz uma afirmação a respeito da sua existência e a respeito da existência do mundo. Buda diz algo muito diferente. Ele diz: "Você vem a mim porque está em apuros, e eu tenho uma solução para os seus apuros", quase como um médico ou como um psicoterapeuta. "E se você não quiser, tudo bem. Mas se quiser, e se for sincero nesse desejo, eu posso ajudá-lo." É assim que eu vejo as Quatro Nobres Verdades. Agora, como isto soa a ouvidos cristãos?

DAVID: Bem, em primeiro lugar, as Quatro Nobres Verdades simplesmente expressam a realidade humana básica. "É assim que isso é", diz Buda. Por isso, sua verdade deve ser aceitável para todos os seres humanos. Estamos lidando com fatos. A mensagem básica de Jesus é, efetivamente, do mesmo tipo. Ela interessa à experiência humana universal. Pode ser verdadeiramente apreciada, entendida e afirmada somente quando se torna a própria experiência de uma pessoa. No entanto, ao contrário dos ensinamentos de Buda, a mensagem cristã é, com freqüência, confundida com alguma espécie de verdade imutável independente da experiência.

FRITJOF: Mas essas nobres verdades budistas não são dogmas no sentido estrito.

DAVID: É claro que não. Todavia, os fatos, da maneira como Buda os expressa, estão fora de discussão.

FRITJOF: Você não é obrigado a acreditar neles. Ninguém diz que você tem de acreditar. O que se diz é que se você quiser tentar, esse é o remédio.

DAVID: A razão pela qual não há dogmas no budismo está provavelmente além tanto do budismo como do cristianismo, no contexto de onde emergem as duas tradições. O budismo é, basicamente, "apofático". Ele insiste no fato de que você não pode dizer coisa alguma a respeito da realidade suprema que você encontra nos seus melhores momentos. Em última análise, essa experiência é indizível. O budismo é uma expressão relativamente tardia dessa atitude apofática, que está mais difundida no Oriente que no Ocidente.

A tradição cristã emerge de um contexto catafático, onde você *pode* dizer alguma coisa, onde você tem de dizê-lo. Ambos estão ancorados na nossa experiência. Em nossos melhores momentos, quando temos nossas introvisões religiosas, sabemos que você não pode jamais traduzir essas introvisões em palavras, e todavia nunca deixamos de tentar expressá-las. A tradição cristã surge desse esforço e, portanto, mais cedo ou mais tarde, termina em dogma. Um dogma é uma verdade que nós agora confinamos, que fixamos, sempre nos lembrando de que sua expressão é somente aproximada. No budismo, pelo contrário, você finalmente termina no silêncio. Por isso você tem o silêncio de Buda. O ensinamento último de Buda não é manejado por meio de palavras, mas pelo silêncio de Buda.

THOMAS: Naturalmente, é útil caracterizar essas duas abordagens em termos de suas respectivas preferências pelo discurso apofático ou pelo catafático. Mas penso que tanto o cristianismo como budismo nos trazem à memória o fato de que, quando tudo está dito e feito, o mistério continua além do nosso alcance, incompreensível.

DAVID: Deixe-me fazer uma pergunta, Fritjof. Você teve alguma experiência de primeira mão com o dogmatismo na ciência?

FRITJOF: Sim, várias vezes.

DAVID: Penso que há muitos exemplos nesse sentido.

FRITJOF: Sim, e a palavra *dogma* também é usada. Por exemplo, há o dogma darwinista ou o dogma neodarwinista.

DAVID: Há uma noção positiva de dogma na ciência?

FRITJOF: Não. É sempre negativa. Deixe-me apenas dizer a você qual é a situação geral. Digamos que eu tivesse hoje uma conversa com um cientista, qualquer cientista que seja renomado e de boa-fé, sentado à minha frente como vocês estão agora, e perguntasse a ele: "Há, na ciência, qualquer afirmação absoluta, que seja verdadeira para todas as épocas, ou todas essas afirmações são limitadas e aproximadas?" Pelo menos depois de uma breve argumentação, mas provavelmente de imediato, cada cientista concordaria com o fato de que a ciência faz somente afirmações aproximadas. Tudo, na ciência, é limitado e aproximado.

No entanto, no seu trabalho prático, os cientistas muito freqüentemente agem como se houvessem verdades absolutas, no sentido de que essas são coisas que eles nunca questionam. Eles não aceitariam um papel em que tivessem de questionar esses dogmas, ou ficariam relutantes em aceitá-lo. Mas quando você realmente os enfrenta e lhes pergunta, de maneira geral, abstrata, se há qualquer coisa realmente absoluta na ciência, eles dizem que não há.

DAVID: É provavelmente dessa maneira que surge o dogmatismo: recusando-se a questionar. Você saberia uma resposta se encarasse a questão. Mas por que você se recusa a levantar a questão? Por causa da pressão da comunidade científica? Por que é mais fácil deixar como está?

FRITJOF: Não apenas por isso. Para fazer ciência, você precisa de um certo arcabouço, e você quer trabalhar no âmbito desse arcabouço. Se você questionasse tudo durante o tempo todo, você não seria capaz de fazer ciência. Mas se você nunca questiona alguma coisa, não fará nenhum progresso. Idealmente falando, você deveria prosseguir numa atividade científica dentro de um certo arcabouço, mas deveria também estar preparado para questionar qualquer parte desse arcabouço em qualquer momento.

DAVID: É esta, portanto, a sua explicação sobre a maneira como surge o dogmatismo – deixando de questionar quando se deve fazê-lo? E como isso pode ser evitado? Estando preparado para questionar quando se deve questionar.

FRITJOF: Tenho outra pergunta. Há um propósito de melhorar a aproximação em teologia? Isso é realmente característico da ciência. Há um progresso científico. Há também, como descreveu Thomas Kuhn, revoluções científicas onde quase tudo pode ser atirado ao mar.

DAVID: Para melhorar?

FRITJOF: Naturalmente, para melhorar a aproximação. Portanto, há um aperfeiçoamento gradual e, depois, há um aperfeiçoamento revolucionário, mas os dois são aperfeiçoamentos da aproximação.

DAVID: Em teologia, tanto o velho pensamento como o novo reconheceriam que há um aperfeiçoamento gradual. A aproximação melhorada é a meta. Há um progresso e um aperfeiçoamento graduais na teologia bem como na ciência. Mas o velho pensamento presumiria que tudo o que tem de ser dito já está lá; precisa apenas ser formulado com maior precisão. No novo pensamento, a teologia é uma exploração no interior de Deus; podemos chegar a ver a mesma verdade a partir de novas e instigantes perspectivas.

É aí que o dogma torna-se útil: certas verdades foram fixadas. Podemos dizer: "Aquela boa porção do nosso território foi mapeada. Não temos de examinar esse solo novamente. Tudo isso nós já vimos. Sigamos adiante."

No entanto, o dogma – e é esse o seu problema – é sempre expresso na linguagem de uma determinada época. Junto com o ponto essencial, um dogma pode mencionar coisas que não estavam em questão, que não se pretendia fixar. Desse modo, você tem de retroceder e perguntar: "O que isso realmente significa no seu contexto? O que a sua linguagem significa? Por que eles enfatizam esse ponto? Por que esse ponto foi tão importante para eles?" Esse é um trabalho difícil para os teólogos. O conteúdo dos dogmas não muda, mas o entendimento que temos deles deve ser revisto repetidas vezes.

O progresso na ciência, na arte e na teologia

FRITJOF: Mas há um aperfeiçoamento? Há progresso? Na ciência, há progresso; você se move em direção a teorias cada vez mais abrangentes, precisas e poderosas – poderosas no sentido de poder de previsão. Isso é bastante característico da ciência;

deixe-me contrapô-lo, por um momento, com a arte. É claro que isso não está presente na arte. Você não pode dizer que Picasso é um aperfeiçoamento de Rubens. Ou que Chagall é um aperfeiçoamento de algum pintor clássico. Seria ridículo dizer isso.

DAVID: Não no sentido em que você pode dizer que Einstein é um aperfeiçoamento de Newton, mas num outro sentido, eu tentaria dizer que há um aperfeiçoamento na arte. Há progresso no sentido de que uma obra-prima nos proporciona uma nova descoberta na experiência humana interior. Algo que não estava acessível à nossa experiência antes que Bach ou Stravinsky compusessem sua música encontra-se hoje disponível para nós; uma autocompreensão nova e mais profunda, uma nova visão da realidade.

FRITJOF: Mas a antiga se acha incluída nela? Está implícito na noção de progresso o fato de que a velha perspectiva está incluída, somando-se a ela algo novo. A física newtoniana está incluída na de Einstein. Matematicamente, você pode derivar a física newtoniana da física einsteiniana. Mas não pode derivar Michelangelo de Picasso.

DAVID: Mas Picasso de Michelangelo, sim. Suponho que é isso o que você quer dizer.

FRITJOF: Não; uso o termo derivar no sentido de que você pode ver que Newton está incluído em Einstein. Einstein vai além de Newton, mas o inclui.

DAVID: Mas você pode reconhecer na obra de Picasso que ele pressupõe Michelangelo, e vai além dele. Na poesia acontece a mesma coisa. Na música também. Penso que não se trata de progresso no mesmo sentido que na ciência, mas é uma forma de progresso. A maneira como a teologia se desenvolve poderia assemelhar-se à maneira como as artes se desenvolvem.

THOMAS: Penso que sim. Assim como os teólogos na sua reflexão sobre o dogma, todos os artistas estão cientes do seu débito para com a história, de como a criatividade é impossível sem a memória, de quão ilusória é a idéia de "originalidade". Ao mesmo tempo, a história pode ser um fardo. Picasso olhou para os milênios de história da arte européia, a partir das cavernas de Altamira até sua época, e sentiu o peso de tudo isso. Em geral, a teologia e as artes estão mais intimamente ligadas do que as pessoas supõem. A liturgia é arte, e é também, como disse o papa Pio XI, o meio fundamental do magistério comum, ou "missão de ensinar", da Igreja. A arte litúrgica também é, ou pode ser, teologia. Pense nos ícones da tradição bizantina, ou nos mosaicos de uma grande basílica, como a de Santa Maria Maior, em Roma. Que teologia é ela!

DAVID: Penso que o progresso em teologia consistiria em rastrear a revelação divina nos eventos de um determinado período da história. Em outras palavras, o que Deus está nos revelando na nossa época, através das coisas que acontecem? Isto se refere não apenas aos eventos históricos mas também às idéias que ocorreram num determinado período. A teologia fala a respeito da realidade religiosa em termos que são relevantes para a nossa experiência aqui e agora. Isto se aproxima bastante daquilo que um artista ou um poeta ou um dramaturgo fazem.

FRITJOF: Na ciência, é perfeitamente claro que, quando você tem, digamos, dois corpos em movimento relativo, e você pode descrevê-los em termos da física de Newton e em termos da física de Einstein, a física de Einstein é a mais precisa. Você terá uma correspondência mais precisa entre a descrição e o fenômeno descrito. Nesse sentido, podemos dizer que a ciência progrediu de Newton até Einstein.

DAVID: Naturalmente, também ocorre progresso graças a novas informações em teologia. Por exemplo, temos a descoberta dos Manuscritos do Mar Morto, manuscritos da Bíblia muito mais antigos que os mais antigos manuscritos de que dispúnhamos até a época dessa descoberta. Em 1945, uma biblioteca inteira de escritos gnósticos foi descoberta no Alto Egito. Por meio de escavações, muito material arqueológico veio à luz na nossa época. As várias maneiras pelas quais os estudiosos têm abordado as Escrituras nas décadas recentes nos têm proporcionado descobertas completamente novas que nos revelaram que espécie de biblioteca é o Novo Testamento. Pois ele não é um único livro, como antigamente se presumia, de maneira mais ou menos tácita; é toda uma biblioteca de livros que expressam muitos pontos de vista diferentes. Assim, passamos a comparar esses pontos de vista.

FRITJOF: Isso é progresso, como na ciência.

DAVID: Sim, na medida em que a teologia é uma ciência, há progresso.

THOMAS: Mas, naturalmente, há um sentido no qual a teologia não é uma ciência, e nesse sentido não há progresso. De qualquer maneira, podemos dizer que o progresso é um mito da nossa época, tomando, desta vez, a palavra "mito" no sentido negativo, como uma história que ofusca a nossa percepção da realidade.

FRITJOF: Quando você falou a respeito de dogmas, você disse que alguns deles expressam a verdade para as pessoas de uma certa época, de uma certa cultura. Suponhamos que você fez um estudo de toda uma doutrina e de todos os seus dogmas. Você não precisaria agora retroceder até algo que eles formularam no passado, a não ser por interesse histórico, mas poderia fazê-lo numa formulação contemporânea. Toda a doutrina poderia ter uma formulação contemporânea, e você diria que, no futuro, poder-se-ia esperar uma formulação diferente. Mais uma vez, não haveria necessidade de retroceder até a nossa época, exceto por interesse histórico.

DAVID: Não, há nisso mais do que apenas interesse histórico, porque essas introvisões são verdadeiros marcos. Assim como a ciência, a teologia também fez certos enunciados básicos, sobre os quais as gerações posteriores sempre farão novos enunciados. Referimo-nos retrospectivamente a esses enunciados, mas não necessariamente na mesma terminologia, pois a linguagem muda. O estudo histórico é sempre necessário para se ver o contexto no qual esses enunciados foram feitos. No entanto, penso também que há muita coisa desse tipo acontecendo na ciência.

FRITJOF: Sim, penso que é algo perfeitamente paralelo.

THOMAS: Os historiadores têm desempenhado um papel decisivo nos dois novos paradigmas sobre os quais estivemos falando. Pense, por exemplo, no livro de Thomas Kuhn, *The Structure of Scientific Revolutions* [A Estrutura das Revoluções Científicas], e no seu impacto sobre a elaboração do novo paradigma na física, nas ciências da vida, e mesmo na psicologia. Na teologia, a insistência do padre M. D. Chenu sobre a necessidade de reler Santo Tomás de Aquino e outros clássicos da teologia no seu contexto histórico fez com que sua obra fosse colocada no Index dos livros proibidos, mas depois ele acabou sendo convidado pelo Concílio Vaticano II como perito oficial. A obra de um historiador luterano da teologia, Jaroslav Pelikan, está exercendo atualmente um enorme impacto sobre a teologia católica; suas obras constituem hoje leitura padrão na maioria dos seminários.

DAVID: Você falou há pouco, Fritjof, sobre o problema de explicar as coisas quando todas elas estão intimamente interligadas. Se tudo está intimamente ligado com tudo, por onde começar? Penso que a teologia não tenta explicar no sentido que a ciência explica.

O que ela faz se parece mais com o que você faz quando assiste a uma peça, digamos, o *Rei Lear*. Nela, é apresentado a você um pequeno universo, onde tudo está intimamente interligado. Nela, a plenitude da vida, com todas as suas alegrias e com todas as suas tristezas, é apresentada a você em três horas, num palco. Quando você assiste a essa peça, você não tem urgência de explicá-la. Você pode gostar de analisá-la em termos de crítica literária, mas, em última análise, o que realmente o satisfaz é o que leva você a dizer: "Sim, essa é a única maneira como a vida é." Você diz sim, não a esta ou àquela personagem, não a esta ou àquela parte da trama. De certo modo, você diz sim à realidade subjacente ao microcosmo global da vida apresentado através dessa peça. É isso o que a grande arte o convida a fazer: dizer sim à vida na sua plenitude.

FRITJOF: A tragédia de uma peça shakespeariana é tão legítima hoje como o foi na época de Shakespeare. Ele apontou com precisão para algo da condição humana que fala a nós, agora, tão poderosamente quanto o fez na época em que a escreveu.

Então, há outros elementos da condição humana que mudam. Se você toma, por exemplo, uma peça escrita por Sartre, como *Huis Clos* [Entre quatro paredes], você poderia dizer que isso não existia na época de Shakespeare. Essa *angst* existencial é um sinal dos tempos modernos. É uma alienação característica dos tempos atuais, que não existia naquela época. É um reflexo do contexto social e cultural da condição humana, que mudou.

DAVID: Você não chamaria isso de progresso.

FRITJOF: Exatamente. Você não o chamaria de progresso.

DAVID: Em teologia, um paralelo bastante óbvio estaria na ética médica, como um aspecto de teologia moral. Atualmente, muitas coisas se tornaram possíveis em medicina, coisas que antes não eram possíveis. Esse fato introduz novas questões morais. Com base na nossa maneira de nos relacionarmos com os valores fundamentais, a teologia moral deve fazer tentativas de esboçar respostas adequadas nessas novas áreas.

Poesia e crítica literária

FRITJOF: E diria você que há partes, como nas peças de Shakespeare – digamos, o encontro de Romeu e Julieta, num diálogo extremamente comovedor e terno – partes onde não se pode fazer melhorias? Onde, em linguagem moderna, não ocorre aperfeiçoamento? Shakespeare disse tudo. Suponho que você também pode afirmar isso sobre certos enunciados da teologia.

DAVID: De fato. Em teologia, talvez chamemos essas partes de dogmas. Você não pode melhorá-las, contanto que fale essa linguagem. Você tem de falar o inglês shakespeareano; de outro modo, não poderá compreender essas passagens em *Romeu e Julieta*. Quanto mais a nossa linguagem se afasta de Shakespeare, mais difícil será entender essas passagens; mesmo que as entenda, você não pode melhorá-las. De maneira semelhante, quanto mais a nossa linguagem se afasta da linguagem na qual a Igreja primitiva formulou seus dogmas, tanto mais teremos de lutar para superar a barreira da linguagem que nos separa daquilo que não pode ser aperfeiçoado. Torna-se mais e mais urgente expressá-lo em nossos próprios termos.

FRITJOF: Mas os dogmas não são formulados em linguagem poética, ou são?

DAVID: Não, não são, e isso é parte do problema.

FRITJOF: Se o fossem, as pessoas teriam mais facilidade.

DAVID: Exato. Isso aponta para outro grande problema: muitas coisas que eventualmente foram fixadas em linguagem filosófica como formulações dogmáticas eram originalmente afirmações poéticas. Enquanto poesia, eram muito mais ricas e mais completas do que lhes foi permitido ser quando foram forçadas a se encaixar na linguagem filosófica dos dogmas. Muitos conceitos que terminaram em formulações dogmáticas têm suas raízes em hinos que os cristãos primitivos cantavam. Eram poesias. A linguagem religiosa é a linguagem da poesia. A linguagem da teologia não é poesia; é a linguagem da filosofia. Você quase poderia dizer que a experiência religiosa se expressa em poesia, e que a teologia é a sua crítica literária. (Os críticos literários costumam levar mais a sério a si mesmos do que o seu assunto, e extrair a vida da literatura.)

FRITJOF: Desse modo, se você tivesse os dogmas expressos em poesias, e continuamente, ou de tempos em tempos, os reexpressasse em diferentes tipos de poesia, e se você tivesse uma teologia de crítica literária que harmonizasse todas elas, isso seria mais satisfatório.

DAVID: É possível que sim. Realmente, o que é expresso em linguagem filosófica nos dogmas está disponível, de uma maneira ou de outra, em centenas de diferentes formas de expressão poética no restante da tradição.

THOMAS: Deixe-me acrescentar aqui uma nota de caráter histórico. Os grandes dogmas trinitários e cristológicos nunca foram totalmente reduzidos à "linguagem filosófica", pois estavam arraigados na linguagem da Bíblia. O próprio "dogma" pode não ser um gênero literário poético, mas nem por isso é uma linguagem puramente utilitária. Há metáfora e alusão nas definições dogmáticas clássicas, e, em conseqüência, há alguns elementos de poesia ou de prosa poética, como quando o Credo Niceno chama o Filho de "luz da luz". No entanto, a linguagem da teologia tende a se tornar mais árida e mais estéril à medida que se afasta das grandes épocas Patrística e Escolástica até o período que identificamos nessas conversações como o do velho paradigma, a época da teologia Positivo-Escolástica ou manualística.

DAVID: Quando, há pouco, estávamos falando a respeito de peças teatrais, eu tinha uma outra pergunta. Pode você comparar o universo poético que nos é apresentado numa grande peça com o universo que a ciência nos apresenta? Poderíamos então comparar o significado da peça, que se encontra em cada parte dela, mas apenas em vista do todo, com o significado do cosmos, que só encontramos no contexto supremo?

FRITJOF: Sim, sem dúvida. Penso que Bateson enfatizou isso. Bateson enfatizou histórias, e definiu uma história como um padrão de relações. O que é importante numa história, o que é verdadeiro nela, dizia Bateson, não são as pessoas que fazem parte dela ou as coisas ou a trama, mas o relacionamento entre as pessoas. Se você seguir uma história, seguirá certas relações, e nunca atingirá o significado total, pois você não vê o todo à medida que o segue. Depois que você a tiver lido, compreenderá o significado, e, às vezes, nem mesmo isso é suficiente. Nos dramas gregos, por exemplo, na trilogia de Édipo, você não descobrirá essa relação numa única peça. Você precisa de todas as três peças para reconhecer como o ato de uma pessoa está carmicamente conectado ao longo de gerações. Eis a essência da tragédia grega.

DAVID: Isso me parece uma analogia muito adequada. A ciência se preocupa com o funcionamento do cosmos; a religião se preocupa com o significado que está por trás desse funcionamento.

THOMAS: O cristianismo, naturalmente, também está preocupado com o significado que está por trás da história, assim como o estão o judaísmo e o islamismo. Essas religiões são freqüentemente chamadas de proféticas, em oposição às religiões sapienciais ou místicas, como o hinduísmo e o budismo. Mas essa é uma classificação muito rígida. O budismo, certamente, dá significado à história, na medida em que tem uma escatologia e que proclama uma esperança num Buda futuro, num último Buda, Maitreya. Hoje, todas as religiões se defrontam com o desafio da história; é inevitável. Os cristãos podem alegar que não dispõem de todas as respostas quando se trata de abordar o significado da nossa época, embora a teologia cristã da história possa servir, e de fato serve, como um estímulo para a reflexão entre as pessoas de outros credos.

O elemento humano

FRITJOF: Temos falado sobre a teologia como uma reflexão a respeito da exploração do interior de Deus e sobre a experiência religiosa como uma experiência de pertencer. Parece-me que qualquer coisa que você diga em teologia refere-se a essa experiência de pertencer. Por isso, de maneira explícita, você está sempre presente no quadro. Pelo que parece, todos os enunciados teológicos são a respeito de uma relação entre você e a realidade.

Na ciência, não é esse o caso, embora, implicitamente, o seja, pois você não pode separar o observador dos fenômenos observados. Mas você não fala explicitamente a respeito do observador. Quando eu digo que um átomo é constituído de um núcleo e de elétrons, e assim por diante, não falo a respeito da minha relação com o átomo. Ou quando falo sobre um ecossistema, e digo que na floresta os esquilos e as árvores e as raízes e os fungos trabalham todos juntos, e interagem, e que há certos ciclos naturais, não digo explicitamente que pertenço a esses ciclos.

Parece-me que a experiência religiosa de um ecossistema e a reflexão sobre essa experiência religiosa são diferentes.

DAVID: Definitivamente, sim. A percepção do pertencer supremo será sempre fundamental para a nossa experiência religiosa. No entanto, não precisa ser tornada explícita na reflexão religiosa sobre essa experiência.

Seria um equívoco presumir que a reflexão teológica diz respeito à experiência interior, enquanto que a ciência reflete sobre a exterior. Não, tanto a ciência como a teologia dizem respeito à realidade como um todo. Mas a teologia olha para a realidade sob o aspecto de nosso relacionamento com Deus, o Horizonte, ao passo que a ciência restringe o seu foco àquilo que está contido no âmbito de nosso horizonte.

A realidade, da maneira como uso aqui esse termo, abrange tanto o cosmos como a história. É um vasto campo de exploração tanto para a ciência como para a teologia.

FRITJOF: É onde elas se sobrepõem.

DAVID: Sim, é onde elas devem encontrar esse terreno comum. Nesse contexto, eu não colocaria uma ênfase excessiva no elemento pessoal em teologia. Devemos também enfatizar que tanto a teologia como a ciência têm por meta uma avaliação objetiva da realidade, a melhor aproximação da verdade do universo, o qual, em última análise, é insondável.

FRITJOF: Deixe-me dar um exemplo. Quando escrevi *The Tao of Physics* [O Tao da Física], justapus citações extraídas de místicos orientais e de físicos. Por exemplo, lembro-me de uma passagem de um antigo texto budista, *O Despertar da Fé*, de Ashvagosha, que diz: "Quando a mente é perturbada, surge a multiplicidade das coisas. Quando a mente é aquietada, a multiplicidade das coisas desaparece." Ele prosseguia, então, falando sobre o fato de que não há no mundo objetos fundamentalmente isolados ou separados, que essa percepção é uma ilusão. Isto se aproxima bastante do que os físicos descobriram no século XX. Mas a sentença de Ashvagosha começa com as palavras: "Quando a mente é perturbada...", referindo-se explicitamente à condição humana. No entanto, outras passagens do mesmo texto não fazem menção à condição humana. Ele fala sobre matéria densa e matéria sutil, e sobre isso e aquilo, e são essas as afirmações que eu compararia com os enunciados dos físicos.

Uma vez que a teologia está relacionada com Deus no seu próprio nome, meu sentimento a partir de nossas conversações tem sido o de que o relacionamento com Deus como um relacionamento pessoal é realmente de importância básica: a experiência de pertencer ao relacionamento.

DAVID: Sim, é sempre de importância básica, mas nem sempre é explícita, nem está sempre em foco. Lidamos com a realidade sob diferentes aspectos. E quanto a você, Fritjof? Como físico, você lida com a realidade de uma maneira científica. Mas, enquanto pessoa religiosa, você tem outras maneiras de lidar com a realidade num nível espiritual. Como você descreveria a diferença entre as duas atitudes que você toma quando está utilizando esses dois tipos diferentes de abordagem?

FRITJOF: Bem, tomemos a experiência da realidade como uma teia interconexa e a do nosso ser como uma parte inseparável dessa teia. Para mim, como cientista, seria um desafio intelectual dizer algo a respeito de um fenômeno do qual sou parte. Quando sou parte do fenômeno, uma espécie de auto-referência é introduzida, o que torna a coisa toda muito complicada e confusa. A tarefa de desemaranhar essa confusão é um desafio intelectual formidável. Na ciência, trabalhamos com enunciados e com modelos aproximados. Dizemos que nesse nível de aproximação não tenho de falar a respeito de mim mesmo. Desde que, nesse nível, não falo a respeito de mim mesmo, sei que estou cometendo um erro, e então tentarei quantificar esse erro. É este o problema intelectual, ou, como vocês diriam, o problema noético.

DAVID: Mas, então, você também compreende que o seu límpido conceito, a sua límpida observação, ficam empobrecidos pelo fato de se abstraírem artificialmente da complicada verdade do seu ser preso numa teia de interconexões.

FRITJOF: Sim. Eu os chamaria de aproximados. O que você chama de empobrecimento é exatamente a noção de aproximação.

DAVID: Não tenho certeza de que eu o estou entendendo. Quando falo de aproximação, quero dizer que nos aproximamos do objetivo de maneira mais ou menos íntima. Mas, se escolhemos somente um aspecto limitado como nosso objetivo...

FRITJOF: Isso é empobrecimento. Empobrecer é não possuir o todo.

DAVID: Certo. Mas o aspecto particular do empobrecimento que eu tenho em mente é este: sua resposta pessoal à realidade foi descartada.

FRITJOF: Sim, eu ia chegar aí. Você me perguntou como eu veria isso enquanto cientista e enquanto ser humano. Para facilitar a comparação, falemos sobre o exemplo concreto de um ecossistema, digamos, uma floresta. Enquanto cientista, descreverei a floresta, e reconhecerei que meu processo de observação é parte da descrição. Essa é a parte confusa. Mas então, se eu dou um passo à frente e penetro na floresta, e realmente me sinto emocional, estética e espiritualmente ligado à floresta, e tenho uma experiência plena desse tipo, esta é uma experiência existencial e espiritual. Nesse caso, o nível que é mais importante para a descrição científica – o nível intelectual – não estaria presente, em absoluto.

DAVID: A objetividade intelectual poderia ser sacrílega nesse momento.

FRITJOF: O nível intelectual, reflexivo, analítico é transcendido. Eu não analisaria a experiência.

DAVID: Esse é um ponto importante. Você diria que o aspecto intelectual tem algo que ver com a imagem de subjugar uma coisa agarrando-a com vigor?

FRITJOF: Sem dúvida.

DAVID: E a outra atitude que você descreveu tem algo que ver com a imagem de nos entregar à experiência, e de permitir que a experiência faça alguma coisa para nós? É aí que entra a resposta humana; e sem esse elemento humano, nada tem significado para nós. Enquanto cientista, você não está preocupado com a questão de Deus; mas enquanto ser humano, você não pode escapar desse desafio. Um desafio tão inseparável da realidade quanto o horizonte é inseparável da paisagem.

THOMAS: Parece-me que você tocou no ponto onde os novos paradigmas da ciência e da teologia convergem: a percepção de que o "ponto de vista objetivo" é ilusório, de que, em face da realidade total, ninguém pode ser um "observador *detached*".* Há um axioma medieval para isso, como mencionamos anteriormente: *Quidquid recipitur, ad modum recipientis recipitur*, "o que quer que seja recebido, é recebido de acordo com a forma de quem o recebe". A pretensão de uma postura objetiva, como você disse, David, é sacrílega. *Tua res agitur!* "É a tua história que está sendo contada, você é parte disso tudo." Dessa maneira, a mudança da parte para o todo também envolve a percepção de que eu pertenço a todo o universo, não como se eu fosse um fenômeno negligenciável ocorrendo num pequeno planeta de um sistema solar insignificante, mas como um participante de importância vital no cosmos vivo. Essa percepção constitui tanto o contexto como a condição da auto-revelação de Deus.

* Em inglês, a palavra *detached* tem um sentido bem específico: "que exibe uma objetividade distanciada, sem envolvimento, geralmente livre de preconceitos e de envolvimento emocional". (N. T.)

V

Implicações sociais do pensamento do novo paradigma na ciência e na teologia

FRITJOF: As implicações sociais do pensamento do novo paradigma na ciência são bastante claras para mim. Cada campo científico que tem relevância social, como, por exemplo, a medicina, a economia, a psicologia e a biologia, é agora necessário para resolver graves problemas da sociedade, e somente um tipo de ciência baseado no novo paradigma será capaz de resolvê-los. Por exemplo, na medicina, somente quando a mente e o corpo forem reconhecidos como sendo duas facetas do mesmo fenômeno seremos capazes de compreender muitas das principais doenças da atualidade. Somente quando reconhecermos que o organismo está incrustrado na sociedade e nos ecossistemas naturais seremos capazes de lidar com a saúde de um modo significativo. De maneira semelhante, somente se reconhecermos que a economia está incrustrada nos ecossistemas, somente se reconhecermos a interação entre os processos econômicos e os processos sociais, seremos capazes de resolver a crise econômica.

Desse modo, fica bastante claro que o pensamento do novo paradigma na ciência tem muitas implicações sociais.

THOMAS: Isso também é verdadeiro para o pensamento do novo paradigma na teologia. Nossa sociedade está se tornando rapidamente consciente de que seus problemas têm implicações espirituais. A teologia, por sua vez, está ficando ciente de que as respostas a esses problemas não podem mais ser manipuladas de cima para baixo. Elas devem ser desenvolvidas em diálogo com os movimentos populares na sociedade e com o ponto de vista dos pobres e dos oprimidos. E o diálogo é uma postura típica do novo paradigma na teologia.

Interconexidade e sustentabilidade

FRITJOF: As implicações mais cruciais do pensamento do novo paradigma para a política atual, e para a sociedade como um todo, dizem respeito à noção de interconexidade, que está no próprio âmago do novo paradigma, esse sentido de pertencer, que nós compreendemos como o cerne da experiência religiosa. Uma maneira pela qual a interconexidade entra em cena na política está no reconhecimento da interconexidade dos problemas. Os problemas mais importantes de nossa época não podem ser entendidos isoladamente. Qualquer que seja o problema – a destruição do meio ambiente, o crescimento da população, a persistência da pobreza e da fome em todo o mundo, a ameaça da guerra nuclear, para citar só alguns – ele tem de ser percebido como algo que está ligado aos outros. Para resolver qualquer problema isolado, precisamos de um pensamento sistêmico, pois todos esses são problemas sistêmicos, interligados e interdependentes. Esse é um dos aspectos das profundas implicações do pensamento do novo paradigma na sociedade e na política.

THOMAS: Você está pensando em algum outro, Fritjof?

FRITJOF: Sim, há um outro tipo de interconexidade, que é a conexidade com o futuro. A maioria das assim chamadas soluções são hoje soluções que criam novos problemas. Por exemplo, resolver o problema da energia por meio da energia nuclear poderá ser satisfatório por algum tempo, mas definitivamente não o será a longo prazo, devido ao lixo nuclear e a vários outros problemas. Uma vez que não há lugar aceitável para o armazenamento do lixo nuclear, nunca seremos capazes de nos livrar dele. Quanto mais acumulamos, maior é o perigo que temos ao nosso redor, e maior a quantidade dele que teremos de guardar. Portanto, o problema técnico de armazenar lixo radioativo transforma-se no problema social de ter de criar um estado policial para guardá-lo. Este, para mim, é o mais forte argumento contra a energia nuclear: ela é socialmente inaceitável porque entra em conflito com a democracia. A longo prazo, a energia nuclear é, inerentemente, não-democrática.

As soluções viáveis são aquelas que não criam outros problemas no futuro. Para usar o termo que se tornou um termo-chave no movimento ambientalista, as únicas soluções aceitáveis são soluções *sustentáveis*. Esse conceito de sustentabilidade foi definido por Lester Brown, do Worldwatch Institute: ''Uma sociedade sustentável é aquela que satisfaz suas necessidades sem pôr em risco as perspectivas das gerações futuras.''

DAVID: Essa é uma definição muito simples e muito bonita. Está bem de acordo com uma posição tradicional dos nativos norte-americanos, de ter em mente a sétima geração para todas as decisões importantes.

FRITJOF: A sustentabilidade emergiu como um critério-chave para decidir a respeito da estrutura da sociedade que desejamos construir, e para mim o desafio da década de 90 será o de criar sociedades sustentáveis. Somente as sociedades sustentáveis poderão resolver os problemas que estão ameaçando nos destruir.

O principal ponto que eu quero destacar aqui é que essas duas questões – a da interconexidade dos problemas e a de olharmos para a frente e sermos responsáveis pelas gerações futuras – têm importância fundamental no pensamento do novo paradigma até onde isso diz respeito à política e à sociedade. Eu estava me perguntando se não há na teologia alguma coisa paralela a isso. Sei, pela minha própria experiência com a teologia do velho paradigma, que a ênfase recai efetivamente na eternidade e na vida após a morte, e não nas gerações futuras. Pode-se dizer o mesmo a respeito da sociedade em geral.

THOMAS: Há duas perspectivas sobre a situação dos seres humanos na história, que se encontram bem no começo do cristianismo, no Novo Testamento, e que permanecem em constante tensão. Uma delas poderia ser chamada de ênfase escatológica.

FRITJOF: O que significa escatológica?

THOMAS: ''Escatológico'' deriva da palavra grega *eschaton* (o último), e se refere à presença da manifestação última, definitiva e final de Deus no momento presente, e nossa abordagem a respeito dessa manifestação.

A outra perspectiva, que está representada, em grande medida, no Evangelho Segundo São Lucas e nos Atos dos Apóstolos, vê a nossa situação histórica como estando a "meio caminho" entre o tempo do princípio do Reino com Jesus e o tempo do fim, a consumação do Reino. Nesse tempo intermediário, somos responsáveis pelo Reino de Deus. O Reino de Deus é constituído sobre a Terra não só pela Igreja enquanto instituição religiosa mas também pela extensão dos frutos do Reino a todos os seres humanos.

DAVID: A abordagem do velho paradigma, que está preocupada com a eternidade e com as coisas permanentes, vê apenas a primeira metade da dupla possibilidade de ênfases que estava presente desde o início do cristianismo.

THOMAS: A outra ênfase vê o desdobramento do Reino de Deus como uma realidade histórica, no sentido de que ele é realizado pelos seres humanos no processo em andamento de viver no tempo.

FRITJOF: Não obstante, penso que há uma diferença com relação ao pensamento do novo paradigma na sociedade, e essa diferença é uma contribuição do século XX. Em nossa consciência coletiva geral, há hoje uma forte preocupação em face da deterioração do meio ambiente. Não penso que no passado alguém tivesse feito extensas considerações a respeito dessa noção.

DAVID: Mas a atitude expressa no Evangelho Segundo São Lucas e nos Atos é capaz de lidar com esse problema na nossa época.

THOMAS: É um recurso do qual se pode lançar mão, embora, até a nossa época nunca tivesse se tornado explícito com relação ao meio ambiente.

DAVID: E agora é preciso torná-lo explícito. Nossa época exige isso. E não é uma coincidência o fato de que Lucas e os Atos nos ofereçam os textos da teologia do Novo Testamento que mais se preocupam com os pobres, e com a nossa responsabilidade pelos oprimidos e por corrigir, socialmente falando, as coisas no mundo.

FRITJOF: Para mim, o conceito que mais se aproxima do de sustentabilidade, até onde eu consigo enxergar nas tradições espirituais, é o conceito de karma. Posso imaginar um budista ou um hinduísta tradicionais dizendo-nos, até mesmo há quinhentos anos, que se despejarmos lixo tóxico por aí, esse é um karma ruim. Isso significa que o lixo acabará voltando para nós. Karma, naturalmente, envolve o tempo apenas no contexto das "vidas futuras", mas nossos filhos, num certo sentido, são as nossas vidas futuras. Gerações futuras são as nossas vidas futuras. Portanto, karma é, para mim, um conceito bastante ecológico.

THOMAS: Todas as religiões devem, atualmente, redescobrir seus próprios conceitos ecológicos. A tarefa que as religiões da humanidade enfrentam hoje é a de se reaproximar de suas fontes específicas e de suas afirmações mais profundas com a finalidade de modificar o comportamento humano, de modo que a nossa presença sobre a Terra seja, mais uma vez, doadora de vida.

DAVID: Exatamente. Lembro-me, por exemplo, de uma pergunta que um jovem estudante judeu fez ao seu rabino: "A energia nuclear é *kosher*?"* O rabino, enfaticamente, respondeu: "Não." Isso é importante porque coloca esse problema de nossa época enquadrado no contexto da tradição e da terminologia judaicas. Em cada tradição religiosa, teremos de enfrentar esses problemas contemporâneos.

Lembro-me também de uma importante passagem do Novo Testamento na qual a nova atitude introduzida por São João Batista é vista como um cumprimento da seguinte profecia do livro de Malaquias: "Ele fará com que os corações dos pais se voltem para seus filhos." Isso sempre me deixou intrigado, pois eu pensava que eram os corações dos filhos que realmente deveriam se voltar para os pais, para a religião dos pais. Mas não é isso! Ele diz que os corações dos pais se voltarão para os filhos em compaixão. Penso que isso pode muito bem estar ligado, intencionalmente ou não, com esse preocupar-se com a sétima geração.**

FRITJOF: E eu queria apenas saber se, em toda essa literatura, começando com São Francisco de Assis e com vários santos "ecologistas", não haveria algo que lembrasse essa noção de sustentabilidade. É claro que sustentabilidade não era um problema candente em épocas passadas, mas hoje é. Por isso, penso que valeria a pena pesquisar o assunto. Parece algo totalmente inexplorado.

THOMAS: Penso que há na tradição beneditina um registro razoavelmente bom nessa área. Tome, por exemplo, o Eremitério de Camaldoli, nos Apeninos da Itália. Muito cedo, na história dessa comunidade, que data do século XI, a constituição continha regulamentos precisos referentes ao cultivo da floresta. Exigia-se um encontro solene com um voto para se fazer o corte de qualquer árvore, e qualquer árvore que fosse cortada tinha de ser replantada. Esse regulamento foi inscrito na constituição da comunidade monástica não somente porque a floresta era um recurso econômico, mas também porque os monges tinham um sentido de arraigamento na Terra, de pertencerem a um determinado lugar, que requeria a responsabilidade de tornar esse local humanamente digno de ser habitado no futuro. A comunidade não se limitava a uma única geração, mas esperava-se que prosseguisse através dos séculos.

DAVID: René Dubos, o avô da consciência ecológica, escreveu um capítulo inteiro, num de seus livros, a respeito da atividade administrativa beneditina e a respeito dos papéis que os monges desempenharam, quanto a essa atividade, ao longo dos séculos.

FRITJOF: Outra coisa que me vem à mente é que antes, nesta nossa conversa, quando falávamos sobre a natureza do espírito, vocês disseram que toda a vida é animada pelo espírito de Deus. Muitas tradições afirmam que o espírito de Deus sustenta a vida como um todo.

* Entre os judeus, diz-se que um alimento é *kosher* quando sua ingestão é permitida pelas leis dietéticas, ou então, diz-se que um objeto ou um recurso é *kosher* quando seu uso é adequado, de acordo com as leis cerimoniais. Portanto, o que o estudante pergunta é se o uso da energia nuclear é legítimo ou não. (N. T.)

** Ver o comentário de David na página 150. (N. T.)

DAVID: Você vê isso expresso literalmente no livro da *Sabedoria* e no Salmo 104.

FRITJOF: Desse modo, se o espírito de Deus, ou a dança de Shiva, como dizem os hinduístas, sustenta toda a vida e o faz também no tempo e ao longo do tempo, então, agir contra isso é realmente agir contra o espírito de Deus. É realmente uma atitude não-espiritual. E agir tendo em mente a sustentabilidade seria agir de acordo com o espírito de Deus.

DAVID: Penso que, de fato, se poderia dizer que a sustentabilidade, da maneira como você a descreveu, seria uma marca decisiva de uma pessoa que está realmente viva e alerta para aquilo que a espiritualidade requer no nosso tempo.

FRITJOF: A imagem hinduísta de Shiva dançando é muito poderosa e também muito sutil. Ela inclui tanto a criação como a destruição. Portanto, sustentar não significa sustentar as formas individuais, mas sim os padrões de organização que formam o tecido da vida. Caracteristicamente, o terceiro elemento na dança de Shiva é a sustentação.

DAVID: Sua terceira mão expressa isso pelo gesto de sustentar. Isso me faz lembrar as mãos estendidas de Cristo sobre a cruz.

THOMAS: Naquele que foi, talvez, o primeiro compêndio da fé católica, uma obra denominada *Epideixis*, escrita por volta do final do século II, por Santo Irineu, a cruz é apresentada não somente como o evento central na redenção humana mas também como o centro de todo o cosmos. Os quatro braços da cruz unem altura e profundidade, comprimento e largura, recapitulando tanto o tempo histórico como os ciclos cósmicos.

FRITJOF: Penso que este ainda é um campo rico para a teologia explorar.

Uma espiritualidade da responsabilidade social

FRITJOF: Bem no começo deste nosso diálogo, você disse, David, que a seu ver a espiritualidade é o caminho por onde a experiência religiosa flui para dentro da vida cotidiana. Eu gostaria de discutir exemplos específicos de como isso nos ajudaria a resolver os problemas que enfrentamos hoje.

DAVID: Ótimo. Será relativamente fácil porque cada uma das mudanças na teologia apresenta um paralelismo com uma mudança na espiritualidade, e é considerável a relevância social dessas mudanças. Eu poderia, por exemplo, destacar a salvação. No novo paradigma, a salvação não é mais vista como uma questão privada. No passado, você poderia facilmente ter a impressão errada de que a salvação era um assunto privado. Agora, nessa nova abordagem holística, a ênfase recai sobre suas implicações sociais.

FRITJOF: O que exatamente você quer dizer?

DAVID: Quando falamos de salvação, estamos nos referindo ao processo que leva da alienação à comunidade. O termo-chave na mensagem de Jesus é o ''Reino de Deus''. Isso não significa o céu ou qualquer outro lugar em particular; traduzido em terminologia contemporânea, ''Reino de Deus'' significa a experiência do pertencer supremo mais o tipo de sociedade que resulta disso quando levamos a sério o nosso pertencer e agimos de acordo com ele.

Se tomamos a salvação num sentido holístico, como sugere o novo pensamento em teologia, então voltamos para o entendimento original de que o Reino não é somente uma mudança no meu coração, mas uma mudança no meu coração que tem todas essas implicações sociais. Eu então me comportaria com relação aos outros como alguém se comporta quando pertence. Serei um membro plenamente responsável no Lar Terrestre.

FRITJOF: Então, as implicações éticas do sentido de pertencer constituiriam uma parte importante?

DAVID: Sim. Esse seria um aspecto.

FRITJOF: Isso é muito importante para mim porque se trata de uma dificuldade para a ciência. Embora os valores sejam muito claramente parte do paradigma e, portanto, a força que impulsiona a atividade científica, a própria teoria científica não faz afirmações a respeito de valores. A teoria científica pode dizer a você coisas a respeito da interconexidade de toda a vida, mas então o que se segue disso em termos de comportamento – como você diz, quando se pertence a uma comunidade, comporta-se de uma certa maneira – não é algo onde a ciência possa realmente ajudar. Desse modo, o alicerce espiritual seria importante.

DAVID: Esse seria um bom exemplo para uma área na qual um cientista como cientista nada teria a dizer; no entanto, como ser humano, o cientista tem de dizer alguma coisa, tem de estabelecer um compromisso moral e religioso.

FRITJOF: Sim, e isso é muito importante.

DAVID: Assim, o que você realmente assinalou é o fato de que, quando passa a falar sobre valores, você se desloca do domínio limitado da ciência propriamente dita para o domínio mais amplo da responsabilidade pessoal.

FRITJOF: Sim, mas essa é uma questão ardilosa. Não estou dizendo que os valores não são relevantes para a ciência.

DAVID: Não. Eu entendo o que quer dizer.

FRITJOF: Mas eles não fazem parte da teoria científica. Eles constituem o pano de fundo e a motivação para fazer ciência, mas estão realmente do lado de fora da teoria científica.

DAVID: O que você tem a dizer sobre a afirmação freqüentemente repetida de que a ciência é destituída de valores?

FRITJOF: Não é destituída de valores, pois é determinada por valores. O tipo de pesquisa que eu faço depende do meu sistema de valores, e será determinado pelo sistema de valores da sociedade, pois o tipo de pesquisa que eu faço depende dos tipos de subsídios que eu obtenho.

DAVID: Esse parece um daqueles casos em que não escolher é escolher. Se você diz que é destituído de valores, você está tão-somente seguindo os valores dominantes.

FRITJOF: Sem dúvida. Mas deixe-me voltar à teologia. O que você quis dizer ao afirmar que a salvação não é um assunto individual? Poderia falar um pouquinho mais sobre isso?

DAVID: Quero dizer que a salvação não é concebível independentemente de suas implicações sociais. Não é mais concebível. Por exemplo, até bem recentemente, uma pessoa seria com certeza aconselhada a dar esmolas, mas dificilmente se encorajaria qualquer pessoa a investigar a razão pela qual os pobres são pobres e precisam de esmolas. Hoje, porém, a intensificação desse tipo de consciência tornou-se plenamente explícita nos sermões e nos escritos teológicos. Nessa nova abordagem, indagamos a respeito dos problemas sistêmicos subjacentes e reconhecemos que uma responsabilidade cristã individual está voltada diretamente para o problema das injustiças sistêmicas.

FRITJOF: É realmente interessante o fato de você, na nova teologia, encarar os problemas de uma maneira sistêmica. Que tipos de problemas serão eles?

DAVID: Mencionei a pobreza. Um outro problema seria o do respeito pelo meio ambiente. A guerra e a paz certamente também estariam incluídas. Tudo isso está, em grande medida, ligado à teologia moral, mas deve ser examinado num contexto muito mais amplo. Não se trata apenas de uma questão de se eu deveria pagar impostos que são investidos na corrida armamentista, ou se eu deveria me opor conscientemente a isso. Esta é uma nova maneira de olhar para a questão da guerra como um todo. É necessário haver guerras no nosso mundo? Como podemos resolver nossos problemas de outra maneira? Podemos permitir que o nosso pertencer fique limitado às fronteiras do nosso país?

FRITJOF: Tradicionalmente, o papel do pastor tem sido o de lidar com os problemas individuais das pessoas. Esse papel ainda existe?

DAVID: Sim, e sempre existirá. Até um certo ponto, continua sendo esta uma função do pastor, mas sua função enquanto coordenador da comunidade é igualmente enfatizada nos dias de hoje. Antigamente, o pastor de uma paróquia católica era uma espécie de pequeno monarca com poder absoluto. Hoje – em muitos lugares, na realidade, e em toda a parte, na teoria – o pastor tem um conselho paroquial que ele simplesmente coordena. Ele é responsável pela decisão final, mas tem de ouvir o que homens e mulheres têm para dizer nesse conselho paroquial.

FRITJOF: Nessa atividade pastoral, há um indício da mesma mudança no sentido de se abordar sistemicamente os problemas?

DAVID: Oh, sim, e muito. Isso é típico nas igrejas que eu chamaria de mais vivas. Elas têm comitês para muitos diferentes tipos de preocupações sociais. Você poderia encontrar comitês sobre reformas nas prisões, comitês sobre justiça racial, sobre alojamento, sobre a proteção dos refugiados da América Central.

FRITJOF: Ora, essa espécie de análise sistêmica não é realmente inspirada pela espiritualidade. Parece que as igrejas encontraram um nicho aqui porque ninguém mais está fazendo isso. Se os políticos estivessem fazendo isso, não creio que as igrejas teriam comitês sobre injustiça racial. Se isso fosse manipulado adequadamente pelos políticos, não precisaríamos disso. Uma carta dos bispos católicos sobre economia não seria necessária se os economistas e os políticos agissem juntos. Portanto, num certo sentido, as igrejas deram aqui um salto em seu papel. Isso não é realmente inspirado por espiritualidade, mas, em geral, talvez apenas por responsabilidade social. Em outras palavras, se eu chegar de repente num encontro de comitê sobre alojamento ou sobre justiça social numa igreja, é provável que durante longo tempo eu não seja capaz de perceber que se trata de uma igreja.

DAVID: Mas isso seria necessário?

FRITJOF: Não. Não seria necessário. Mas, em vista do que estamos falando, essas atividades não me revelam as implicações sociais da nova visão da espiritualidade.

THOMAS: Fico satisfeito por você ter levantado essa questão. Hesitei até agora em abordar esse tópico, primeiro porque compreendo o fundamento racional subjacente à visão de David, com o qual substancialmente concordo, e segundo porque eu estava esperando, Fritjof, que você o questionasse exatamente como o fez. É esse, na verdade, o ponto crucial do problema: o novo paradigma não elabora uma espiritualidade que, a seguir, resulta em algumas implicações sociais; ele sustenta que a espiritualidade é, essencial e inevitavelmente, social. Somos "espirituais", isto é, unidos com Deus, em sociedade com outros, ou não o somos em absoluto. E esses "outros" não são apenas os membros da nossa religião, mas, em última análise, toda a família humana. Esse é o mais antigo de todos os paradigmas cristãos, elaborado no século II num texto anônimo, a *Carta a Diognetus*, uma grande testemunha do universalismo cristão primitivo.

DAVID: Antes do novo modo de pensar em teologia, muitas pessoas, talvez a maioria, ficavam dependuradas na necessidade de boas ações privadas. Agora, temos uma perspectiva holística e mais ampla em teologia, um entendimento mais comunal a respeito da salvação e de suas implicações sociais. Por isso, inúmeras pessoas estão empenhadas nessas questões de grande importância. É esta a sua espiritualidade.

FRITJOF: Então, isso é parte da vida religiosa?

DAVID: É tanto parte da vida religiosa como o é, digamos, o jejuar ou o orar. É desse modo que elas traduzem sua consciência religiosa para a vida cotidiana.

FRITJOF: Agora entendo. Isso corresponderia ao provérbio zen segundo o qual a prática do Zen consiste em transportar água e cortar lenha.

DAVID: Exatamente.

FRITJOF: Alguém que não soubesse o que é o Zen não seria capaz, em absoluto, de reconhecer essas ações como religiosas.

DAVID: É interessante que você tenha feito esse comentário, como muitos cristãos, ainda apegados à velha maneira de pensar, também estão fazendo: "Queremos ter de volta a nossa boa religião dos velhos tempos. Devoções, e não ativismo." Um bispo é infame por dizer: "Reze o rosário pela paz. Mas não espalhe." Seria justamente a respeito disso que você está falando. Há algumas pessoas que não entendem. Elas dizem: "O que essas pessoas estão fazendo? São ativistas marxistas. Isso nada tem que ver com religião!" Mas, nessa visão holística, com base num ponto de vista teológico bem-fundamentado, isso tem tudo que ver com religião. É a maneira como você vive a sua religião.

Espiritualidade e criatividade

DAVID: No novo pensamento, há também uma mudança da teologia centralizada na salvação para a teologia centralizada na criação.

FRITJOF: O que significa "teologia centralizada na criação"?

DAVID: É uma teologia que não está centralizada na famosa questão dos fundamentalistas: "Você está salvo?" Os que estão na linha de frente do novo pensamento responderiam: "Sim, graças a Deus fomos salvos. E o que mais? Como você vive ativamente essa vida salva, essa vida de pertencer?" É por isso que a ênfase recai sobre a criação, tanto no sentido de cosmos, a Criação, como no da sua própria criatividade. No velho sentido, "criação" é o termo teológico para "natureza", para todas as coisas criadas.

FRITJOF: Então, você muda para uma ênfase sobre a natureza.

DAVID: E, no âmbito dessa natureza, você enfatiza a sua própria criatividade. No final das contas, você não é uma parte móvel de uma máquina cósmica, mas um co-criador. É aí que a atividade de administração responsável pelo nosso meio ambiente torna-se, de maneira bastante óbvia, uma responsabilidade religiosa.

FRITJOF: Portanto, se você vai se confessar, em vez de rezar dez Ave Marias, poderiam lhe pedir: "Recicle os seus jornais."

DAVID: Não é de todo impossível que isso pudesse acontecer. Pessoas moralmente maduras, no contexto da confissão, não se acusam de falhas mais superficiais mas poderiam se concentrar em ações que provam uma situação embaraçante ou conflituosa no nosso pertencer num nível mais profundo. Nesse contexto, alguém poderia muito bem confessar: ‘‘De fato, eu não tenho cuidado do meu meio ambiente. Meu conjunto residencial está um lixo.’’ Ou algo semelhante. Então, o padre poderia dizer: ‘‘Recicle seus jornais.’’ Hoje isto não é mais uma brincadeira, em absoluto. Encaixa-se no arcabouço de um novo pensamento em teologia e de um novo sentido de responsabilidade no âmbito da espiritualidade.

Conheço muitas freiras que, além de suas tradicionais práticas religiosas, estão agora coletando latas de alumínio com grande devoção. Elas vendem essas latas para ajudar os pobres. Conheço beneditinos em Minnesota que levantaram milhares de dólares para os sem-casa fazendo um trabalho parecido. Eles realmente organizaram o seu projeto. É um trabalho e tanto armazenar as latas e amassá-las, e tampouco é um trabalho gostoso de fazer. Embora esse trabalho nada tenha que ver com sua convicção religiosa ele pode ser reconhecido por outras pessoas como algo que qualquer ser humano decente deveria estar disposto a fazer.

THOMAS: O projeto de reciclagem empreendido pelas freiras beneditinas sugere que há algo na espiritualidade especificamente monástica – no *ethos* beneditino mas, talvez, também no budista – que supera a aparente incompatibilidade entre contemplação e ação social. Não há nada de ‘‘ativista’’ nos serviços que os monges têm prestado à sociedade; são frutos da contemplação, *contemplata aliis tradere*, o transbordamento de sua visão contemplativa do mundo.

FRITJOF: Isso faz bastante sentido para mim. A meu ver, a percepção ecológica profunda e a percepção espiritual fluem juntas, e reciclar é uma espécie de disciplina, de ascetismo, no sentido que vocês dão ao termo, que os torna sensíveis ao viver em processos cíclicos dentro de ecossistemas; torna-se, por isso, a disciplina para uma vida ecológica. Se uma vida ecológica é, em última análise, uma vida espiritual, então ela se torna uma disciplina espiritual.

DAVID: E por espiritual queremos dizer, é claro, plenamente vivo, uma vez que espírito significa sopro de vida. O espírito é o sopro de vida de Deus dentro de nós. Se você está plenamente vivo e alerta, e se é sensível ao desafio de cada momento, então você está vivendo uma vida espiritual.

Certa vez, tive de dar um breve curso sobre espiritualidade cristã no Loreto Heights College, em Denver, e no primeiro dia eu levei uma pilha de sacolas de papel de embrulho para a classe, uma para cada estudante.

‘‘Vamos limpar o *campus*’’, disse a eles. ‘‘Está uma bagunça. Isso é uma atividade espiritual, e vocês aprenderão mais realizando-a do que eu poderia ensinar a vocês com palavras.’’ Eles tiveram tanta boa vontade em cooperar que quase no final do curso o *campus* estava novo em folha. Finalmente, tiveram de rastejar debaixo dos arbustos e, com varetas, apanhar garrafas e copos de papel; eles simplesmente não conseguiam encontrar mais entulhos para abarrotar suas sacolas. Causamos um verdadeiro impacto sobre o *campus*, e, na discussão que se seguiu, os estudantes reconheceram que aquela limpeza do ambiente havia lhes ensinado muito a respeito de espiritualidade e a respeito do que realmente significa estar vivo.

FRITJOF: E estar atento.

Ecumenismo global e paz mundial

DAVID: Tenho em mente um terceiro ponto. O primeiro foi o seguinte: graças à mudança para o pensamento holístico em teologia chegamos a uma teologia que está atenta aos problemas sociais. Meu segundo ponto assinalava que, graças a uma mudança para uma ênfase na criação, você fica ciente da sua responsabilidade ecológica. Meu terceiro ponto é este: o novo pensamento em teologia é fortemente ecumênico. Antigamente, pode ter havido uma tendência para enfatizar o que nos separa de outras tradições religiosas. No entanto, o novo pensamento vê menos a diferença do que a complementaridade. Quando você pensa que o seu caminho é o único caminho possível, você tem de pensar que todos os outros estão errados. Mas se você pensar que o seu caminho é uma abordagem particular da realidade divina, então você pode pensar sobre os outros como perspectivas igualmente legítimas. Você ficará grato por dispor da variedade e da complementaridade de diferentes pontos de vista que enriquecem uns aos outros.

O novo pensamento enfatiza essa percepção religiosa comum, que nos une com as outras perspectivas na sua abordagem da realidade divina. Quanto mais essa percepção é enfatizada, mais compreendemos o nosso terreno comum, que nos une em vez de nos dividir.

THOMAS: Minha experiência de diálogo inter-religioso convenceu-me de que essa abertura em direção a pessoas de outros credos e à verdade que procuramos e que mantemos em comum torna mais forte o meu compromisso pessoal com a verdade enquanto tal. Em última análise, o que todos temos em comum é a realidade humana de viver nesta Terra sob uma luz que vem de além da Terra e de além de nossas religiões.

No diálogo, eu não perco aquilo que é único na minha fé cristã, e que é, na realidade, o próprio Cristo. Creio eu de fato que a plenitude da divindade habitava nele corporeamente, como dizia São Paulo? Se o creio, então tenho de me voltar para o meu irmão muçulmano ou para a minha irmã hinduísta e descobrir na sua humanidade a mesma divindade.

DAVID: Certo! Nós provamos que vemos Deus em Jesus Cristo vendo Deus em cada ser humano que encontramos.

FRITJOF: Isso, é claro, poderia ser importante ao extremo politicamente, pois nem mesmo é necessário sair à procura de outros credos. Mesmo dentro da comunidade cristã – na Irlanda do Norte ou no Líbano ou, em menor grau, na Suíça e na Bélgica – os católicos estão lutando contra os protestantes. Várias comunidades culturais, que representam diferentes ramos do cristianismo, estão em guerra umas com as outras.

DAVID: Naturalmente, em todos esses casos, os cristãos profundamente comprometidos não são aqueles que estão na linha de frente; em vez disso, eles são os pacificadores. Pense no efeito de alavanca que uma religião poderia exercer sobre a paz. Todas as religiões do mundo pregam a paz. Se elas permanecessem unidas contra esse ridículo desperdício de dinheiro em armamentos, teríamos mais chance de conseguir a paz. Penso que o impulso ecumênico, em grande medida, é uma força de pacificação. Por um tempo já longo em demasia, as religiões têm sido forças de discórdia no mundo, a despeito do fato de todas elas pregarem a paz. Se pelo menos as religiões pudessem começar a fazer da paz a sua preocupação comum!

FRITJOF: Naturalmente, isso está acontecendo agora em muitos casos.

DAVID: Em muitos casos, sim. Isso é um exemplo típico do novo pensamento em teologia produzindo frutos. Possivelmente, nada disso poderia estar ocorrendo se não fosse acompanhado por uma mudança de consciência.

FRITJOF: Um exemplo que me vem à mente é o da Igreja Protestante na Alemanha, tanto na Oriental como na Ocidental, que tem se mantido na linha de frente do movimento pela paz; e também, em sua maioria, os bispos católicos dos Estados Unidos; e, em outra cultura, o Dalai Lama, um exemplo notável de um budista que está realmente numa missão de paz.

DAVID: Deve-se também lembrar do encontro histórico de Assis: o papa sentado perto do Dalai Lama. O papa não se sentou sobre um trono, mas eles se sentaram próximos um do outro e no mesmo nível. Coisas como essa mostram realmente que não se trata apenas de um novo pensamento em teologia, mas que uma força real para a paz no mundo flui dele, uma poderosa energia para a mudança social. O que vemos hoje no topo teve origem, efetivamente, no nível das organizações populares. Penso apenas nos Beneditinos para a Paz, em Erie, Pensilvânia, e em centros semelhantes para a justiça e para a paz, a aurora de uma nova era.

O movimento New Age

DAVID: Fritjof, isso me leva a lhe perguntar: "Como você define o movimento New Age?"

FRITJOF: Na Europa, atualmente, sempre me fazem essa pergunta. Eu o defino como uma manifestação particular da mudança de paradigma social, uma manifestação que floresceu na Califórnia, na década de 70, e não existe mais em sua forma original. Foi uma constelação particular de preocupações, de interesses e de tópicos – o movimento pelo potencial humano, o campo todo da psicologia humanista, o interesse pela espiritualidade, pelo oculto e pelos fenômenos paranormais, e o movimento da saúde holística. Eu diria que tudo isso junto foi chamado de movimento New Age, e o que caracterizou esses movimentos no sentido negativo foi a ausência praticamente total de consciência social e política. Embora houvesse, naturalmente, um forte movimento ambientalista na Califórnia na década de 70, não havia nem consciência ecológica nem consciência social no sentido de movimentos de cidadãos à maneira do de Ralph Nader. Nem havia consciência feminista. Tudo isso estava ausente do movimento New Age. Na década de 80, isso mudou um pouco. Esses vários terapeutas holísticos e psicólogos humanistas fizeram suas as preocupações do movimento pela paz, do movimento das mulheres, de outros movimentos sociais, a ponto de eles não mais desejarem ser chamados de participantes do movimento New Age. Por isso, digo às pessoas na Europa que, quando lançamos mão, atualmente, do termo New Age, nós o utilizamos, na maioria das vezes, para nos referir a pessoas que ainda são New Age, que ainda estão apegadas à consciência da década de 70.

THOMAS: Talvez pudéssemos deixar de lado o termo New Age. Certamente, ele não encontra ressonância na mente dos cristãos da corrente principal do cristianismo.

DAVID: No entanto, é uma pena abandonar esse termo significativo a um período histórico. As boas novas sempre chamam uma Nova Era.

THOMAS: Naturalmente, a expressão New Age e seu simbolismo subjacente – embora não o seu conteúdo teórico – fazem eco a expressões semelhantes na Bíblia. A idéia de uma Nova Era também é parte do mito norte-americano. Tome, por exemplo, a frase latina *Novus ordo saeclorum*, impressa em todas as nossas notas de um dólar – o que significa isso a não ser "Nova Era"?

FRITJOF: Na Europa, você pode falar a respeito de um movimento New Age, penso eu, mas aqui você não pode falar a respeito de um movimento com esse nome em termos de um movimento dinâmico, porque não é. E, naturalmente, a pergunta então é esta: "Como o chamaremos?" Eu gostaria de poder chamá-lo de Movimento Verde, porque é isso o que o Movimento Verde deveria ser, mas não é.

DAVID: Eu diria que, por exemplo, a Association for Humanistic Psychology [Associação para a Psicologia Humanista], a AHP, tem uma consciência de Nova Era, uma plena consciência de Nova Era. E, nesse sentido, você pode reintroduzir esse termo.

FRITJOF: Naturalmente, os valores do movimento New Age ainda são válidos, e tão importantes agora como o foram na sua época.

DAVID: Mas para criar uma era que seja realmente nova, esses valores têm de ser complementados por outros que não foram apreciados de início.

FRITJOF: Certo. Eles são ampliados ampliando-se a consciência transpessoal para dentro do social.

Teologias da libertação

FRITJOF: Vocês dois mencionaram várias vezes a teologia da libertação em nossa conversa, relacionando-a com movimentos populares. Vocês poderiam falar um pouco mais a respeito desse movimento? O que também me intriga com relação a isso é a idéia oriental de libertação como libertação espiritual, como iluminação; por exemplo, o conceito hinduísta de *moksha*. Eu gostaria de saber se há alguma ligação.

DAVID: É claro que há. Mas antes de prosseguir, sejamos cuidadosos ao falar de teologias da libertação no plural em vez de teologia da libertação. Há toda uma variedade de teologias da libertação.

THOMAS: Devemos também nos lembrar de que as várias teologias da libertação não são particularmente originais com relação ao seu conteúdo. Com freqüência, quanto aos grandes temas da fé cristã, da Santíssima Trindade, da encarnação, e assim por diante, elas são muito tradicionais, muito em conformidade com o gosto da maioria, você poderia dizer. Mas é o método que é importante.

O método começa com a experiência de pessoas que se acham em estado de cativeiro; toma como ponto de partida uma reflexão sobre a condição dos pobres, dos impotentes, dos marginalizados, dos que foram aprisionados num sistema de violência institucionalizada. Essa reflexão inicial dá ao teólogo uma chave para compreender o que a Bíblia e a tradição cristã dizem a respeito da salvação. Para a teologia da libertação, a revelação e a salvação constituem um único processo: Deus é revelado no fato de que as pessoas que estavam escravizadas e oprimidas foram libertadas e passaram a viver em clima de justiça.

Tem-se afirmado que há um risco de reducionismo na teologia da libertação – à parte quaisquer influência marxistas, que são, conforme estimo, de menor importância – e que ela tende a fazer da libertação uma coisa exclusivamente social ou econômica. Esse risco pode estar presente em algumas pessoas, mas os teólogos da libertação realmente sérios, por exemplo Gustavo Gutiérrez ou Leonardo Boff, estão convencidos do valor da prece e do valor da experiência interior. As pessoas simples nas comunidades populares, especialmente no Brasil, desenvolvem espontaneamente um espírito de contemplação. Uma visão da realidade à luz do Deus libertador leva-os a perceber as raízes de sua opressão e a superá-las. A sabedoria contemplativa leva à ação social.

Dessa forma, a teologia da libertação é um método de prestar uma cuidadosa atenção na maneira como os oprimidos ouvem a palavra de Deus. Não é um método novo; você pode encontrar algo muito semelhante nos escritos do Papa Gregório, o Grande, e em outros escritores cristãos primitivos.

DAVID: Deixe-me sugerir este pensamento: a libertação básica, a razão básica pela qual essas teologias merecem ser chamadas de teologias da libertação é o fato de que as pessoas simples nas comunidades populares estão livres para fazer teologia, o que antigamente era entregue a elas apenas por teólogos profissionais.

THOMAS: Naturalmente, não estamos falando a respeito da teologia profissional das escolas. Em outras palavras, esse entendimento da fé, essa reflexão sobre a automanifestação de Deus na história, é feita pelo povo e com o povo. Os teólogos da libertação prestam cuidadosa atenção às pessoas e às sua experiências, e a seguir usam as expressões das pessoas ao formularem o entendimento da fé.

DAVID: Isso certamente vem das pessoas e não dos livros.

THOMAS: Baseia-se na suposição de que o tema da libertação é um grande fio condutor que corre ao longo da revelação como um todo.

DAVID: E o primeiro fato histórico que pôs a coisa toda em movimento foi o êxodo e a libertação do povo do Egito.

THOMAS: Exatamente.

DAVID: O que nós encontramos em nossas Bíblias precedendo o livro do Êxodo é, efetivamente, uma reflexão sobre a experiência do êxodo; até mesmo a história da criação à luz da grande libertação de Israel.

THOMAS: Sim. É importante lembrar que o Livro do Gênesis foi escrito depois da experiência do êxodo do Egito; parte dele muito mais tarde, por volta do final do exílio babilônico, mil anos depois de evento.

FRITJOF: São, portanto, os "primeiros" livros da Bíblia, na verdade, relativamente posteriores?

THOMAS: Sim. Eles são relatos sobre libertação contados com um olho voltado para a libertação em face da situação de cativeiro no Egito. Em outras palavras, uma vez que vivenciamos o êxodo graças ao qual Deus nos salva da escravidão, olhamos para trás em nossa história, e para suas origens, e reconhecemos o mesmo poder de Deus atuando em toda parte.

FRITJOF: Você pode dizer, então, que a libertação é um elemento-chave no velho Testamento?

DAVID: Sem dúvida, ela é a chave.

THOMAS: Mesmo no Novo Testamento o tema do êxodo é importante.

DAVID: É também importante reconhecer que, onde quer que ocorra a palavra *julgamento*, quando Deus é apresentado como juiz, há também uma referência à libertação. O julgamento de Deus não significa que Deus fique sentado, como às vezes imaginamos, e julgue como se estivesse numa sala de tribunal. Julgamento, na Bíblia hebraica, significa que Deus ajuda os pobres a conquistar seus direitos, e os liberta da opressão. Por isso, a noção de Deus como juiz deveria ser uma noção jubilosa. Onde quer que as pessoas estejam oprimidas, o julgamento de Deus é, na verdade, ansiado como libertação. Somente naquelas igrejas onde os opressores entram em acordo o julgamento de Deus é algo a ser temido. Você pode dizer, a partir das nuanças da palavra *julgamento*, em que espécie de igreja você está, a igreja pobre ou a igreja rica.

FRITJOF: Desse modo, esse tema da libertação no Velho Testamento foi incorporado por vários povos oprimidos.

DAVID: Foi incorporado, em primeiro lugar, por Jesus.

FRITJOF: Certo, falemos antes a respeito disso. O que é a libertação no Novo Testamento?

DAVID: O que chamamos de redenção é, em bom português, libertação. Desenvolvemos todo um conjunto de palavras para uso dominical que são diferentes das palavras destinadas ao uso diário; domesticamos certos termos que, no seu significado original, são muito incômodos para nós. Qual seria outro exemplo?

THOMAS: Salvação.

DAVID: Sim, salvação realmente significa cura, cura em todos os níveis, especialmente cura da alienação. Retidão é outra dessas palavras dominicais; ela tenta suavizar o impacto da palavra justiça.

FRITJOF: Qual é o fundo político disso, e como ele se relaciona com a mensagem espiritual de Jesus?

DAVID: Aparentemente, a situação política na época de Jesus era muito parecida com a situação em alguns lugares, como na América Central, nos dias de hoje, onde as teologias da libertação estão surgindo.

FRITJOF: Percebo. Daí a perplexidade.

DAVID: Daí a perplexidade. Jesus, certamente, é uma figura política e tem uma mensagem política, porém não em termos de política partidária. Naturalmente, isso é difícil de reconstruir, mas pode-se dizer com bastante segurança que ele tenta ficar de fora da política partidária. No entanto, está claro para ele, e para qualquer pessoa interessada, que sua mensagem é bastante explosiva politicamente.

FRITJOF: Qual foi essa mensagem revolucionária?

DAVID: Eu diria que os Evangelhos deixam claro que Jesus provoca uma crise de autoridade.

FRITJOF: Em que autoridade Jesus baseia sua postura?

DAVID: A resposta não está, como às vezes se supõe, no fato de que Jesus permanece na sua autoridade carismática; nem no fato de que ele baseia suas declarações diretamente na autoridade de Deus, como se Deus estivesse de pé atrás dele. Diferentemente dos profetas, Jesus nunca afirma: "Assim diz o Senhor." Portanto, para qual autoridade ele apela? Sim, ele apela para a autoridade divina, mas nos corações de seus ouvintes. Isto é algo completamente novo. Ele baseia todo o seu ensinamento no fato de que em cada um de seus ouvintes – até mesmo nas meretrizes, nos coletores de impostos, nos proscritos, nos pastores que não tinham direitos, nas mulheres que não tinham voz – é a própria voz de Deus que fala no coração dele ou no coração dela. Ele nunca segue dizendo: "Direi a você o que deve fazer. Ouça, e eu lhe darei conselhos." Ele segue contando parábolas. Esse é o seu típico método de ensinamento. As parábolas de que Jesus lança mão funcionam como piadas. Muitas vezes, ele começa com uma pergunta do tipo: "Qual de vocês, pescadores, não sabe; qual de vocês, mulheres que amassam o pão, não sabe; qual de vocês, que saem para plantar sementes, não sabe?" "Vocês sabem, não sabem?" Esse é o primeiro passo. Nós, os ouvintes, repondemos: "É claro que todos nós sabemos. O senso comum nos diz que é assim. '' Mas agora a piada é sobre nós, pois Jesus pergunta: ''Ah, se o senso comum diz a vocês o que fazer, então por que não agem de acordo?'' As parábolas de Jesus dependem do senso comum, desse espírito que recebemos de modo que podemos conhecer Deus a partir de dentro. As parábolas pressupõem o fato de que podemos conhecer a mente de Deus por meio de atividades tão simples como pescar, amassar o pão ou plantar sementes – conhecer a mente de Deus e viver de acordo com esse conhecimento.

Mas por que alguém *não* viveria de acordo com esse senso comum que compartilhamos com todos os seres humanos, animais, plantas, com o universo todo e com o seu fundamento divino? Por que não viveríamos de acordo com o espírito que temos em comum e que, por si só, faz sentido? Porque somos intimidados pela pressão pública, pela opinião pública. Jesus insere uma cunha entre o senso comum e a pressão pública. Por meio de suas parábolas, ele diz às pessoas: ''Não ceda a essa pressão! Você sabe melhor.'' Ele promove o crescimento gradual delas, faz com que elas se sustentem sobre seus próprios pés. Algumas vezes, literalmente. Quando as pessoas são tomadas pelo entusiasmo, elas confiam tanto nesse poder que podem se levantar e caminhar mesmo que até então fossem aleijadas. Histórias como essas presentes nos Evangelhos ainda têm atualmente o poder de mudar a vida das pessoas.

No entanto, qualquer pessoa que conceda poder aos outros dessa maneira logo se verá em apuros com aquelas autoridades que humilham as pessoas, que derrubam as pessoas, com indivíduos autoritários tanto políticos como religiosos. Lemos de maneira bastante explícita, no mais antigo dos Evangelhos, relatos com os quais as pessoas do povo ficavam espantadas. Elas diziam: ''Este homem fala com autoridade, e não como as nossas autoridades!'' Naturalmente, esse tipo de coisa não se encaixa bem com as autoridades opressoras. O que é mais libertador do que o senso comum?

FRITJOF: Deixe-me perguntar uma coisa. Li várias vezes, em comparações entre o cristianismo e o budismo, que libertação é um termo-chave em ambas as religiões, mas as maneiras como elas procedem são muito diferentes. O símbolo da libertação no cristianismo é Jesus sobre a cruz, Jesus que nos salva por meio de sua morte, enquanto que o símbolo do budismo é o Buda em meditação, o Buda que nos mostra que nós mesmos podemos fazê-lo. Buda nunca disse que ele nos salvará. Ele diz: ''Se você quer ser libertado, mostrarei a você como fazê-lo. Você pode fazê-lo por si próprio.'' Uma espécie de concessão de poder. De acordo com o que você está dizendo, também foi essa, de certo modo, a mensagem de Jesus. Não foi: ''Morrerei na cruz e você será salvo.''

DAVID: Concordo, mas há em toda tradição religiosa a tendência para se afastar da situação em que o mestre concede poder a você, dizendo: ''Você pode fazer isso!'', e se aproximar da situação em que esse mestre é colocado cada vez mais alto sobre um pedestal até que você chega ao ponto de somente contar com o mestre. Essa tendência também ocorre no budismo. Na escola da Terra Pura, tudo o que você precisa fazer é chamar por Buda e Buda o salvará. Penso que originalmente tanto Jesus como Buda ''salvavam'' pessoas concedendo-lhes poder. Mas, bem, esse é um tópico delicado.

THOMAS: É um tópico delicado, porque seus respectivos ensinamentos são expressos em gêneros literários muito diferentes, em linguagens muito diferentes. Os universos conceituais do budismo e do cristianismo são tão diferentes um do outro que é quase impossível encontrar um denominador comum para as duas religiões no que se refere à questão da autoridade de Mestre. Não obstante, penso que você teria de admitir que no Novo Testamento uma importante característica do ensinamento de Jesus é simplesmente a seguinte: "Para vocês, os pobres, é dado o Reino." Isso tem importância fundamental para a mensagem de Jesus.

DAVID: Sim. Você está certo. Talvez eu tenda a polarizar excessivamente o ensinamento *de* Jesus em detrimento do ensinamento *sobre* Jesus. Compreendo a sua posição. No entanto, mesmo o Evangelho de São João, que contém o ensinamento mais altamente desenvolvido *sobre* Jesus, deixa claro que todo discípulo de Jesus deve tornar-se capaz de dizer: "Eu e o Pai somos um." Para cada um de seus discípulos, Jesus, de acordo com João, pede para que ele possa ser capaz de dizer *com* Jesus: "Eu e o Pai somos um." Isso pode soar ultrajante para alguns ouvidos cristãos, mas é a maneira de falar de João a respeito do Reino de Deus.

FRITJOF: A visão convencional é a de que a Igreja diz para os pobres: "Sim, o Reino de Deus é dado a vocês. Mas vocês o receberão depois que morrerem. Por enquanto, vão à Igreja e sejam bons. Mas não se envolvam com política." Esta não é uma mensagem de concessão de poder.

DAVID: Se por Igreja você entende o *establishment* religioso, então você deu uma descrição bastante precisa. As instituições religiosas estão sempre correndo perigo de se associarem com as classes dominantes. A Igreja como instituição estava ajudando os pobres tão bem quanto podia. Mas passou a esquecer que os pobres *são* a Igreja. O Reino de Deus pertence aos pobres. Dom Helder Câmara diz: "Se você ajuda os pobres, eles o chamarão de santo. Mas se você perguntar por que os pobres são pobres, eles o chamarão de comunista." É por isso que algumas das figuras mais efetivamente semelhantes a Cristo na América da atualidade são rotuladas de comunistas, até mesmo bispos.

FRITJOF: Portanto, quais são as modernas teologias da libertação? O termo surgiu há alguns anos, apenas na América Central?

THOMAS: Sim, ele deriva do título de um livro escrito por Gustavo Gutiérrez: *A Theology of Liberation* [Uma Teologia da Libertação]. A expressão de Gutiérrez deu nome a um movimento que já estava começando a surgir em vários lugares, especialmente no Brasil. Ali a aliança da Igreja com os proprietários de terras e com os militares demonstrou o seu inevitável malogro. Por isso, alguns teólogos começaram a perguntar: "O que vamos fazer? Para onde está indo a população? Tornar-se-á completamente secularizada? Adotará a ideologia marxista?" A conclusão foi: "Vamos ouvir as pessoas. Deixemos que *elas* nos digam qual é a *sua* leitura do Evangelho, e como o Evangelho pode tornar-se vivo para elas."

FRITJOF: Portanto, é uma teologia de base popular.

THOMAS: É a atitude de prestar cuidadosa atenção às pessoas à medida que elas ouvem com cuidado a palavra de Deus.

DAVID: Há também os livros de Ernesto Cardenal, nos quais ele simplesmente reconta, volume após volume, o que os *campesinos* simples da Nicarágua dizem em resposta a certas passagens do Evangelho e como eles descrevem as histórias. É algo verdadeiramente inspirador; comoveu muitas pessoas.

FRITJOF: O *que* dizem eles? Quais são alguns dos pontos-chave dessas teologias da libertação? Vocês disseram no começo que não se trata tanto do que eles dizem. Não obstante, como eles falam a respeito da libertação?

DAVID: Por exemplo, eles dizem que a salvação, ou libertação, não é para eles algo que afeta somente a alma, enquanto tudo o mais continua da maneira como era. Eles aplicam as boas novas de Jesus à sua situação concreta, a coisas como, por exemplo, cooperativas e uniões de crédito, sindicatos de trabalhadores e a coisas semelhantes.

THOMAS: A mais óbvia das verdades no Evangelho é a de que Jesus é o salvador da pessoa como um todo, e não apenas da alma, e é sempre o salvador do indivíduo no âmbito da comunidade. A salvação é holística ou não é salvação. Não é salvação se separa as pessoas das pessoas.

FRITJOF: Em meus estudos sobre o budismo, eu costumava ter o seguinte pensamento: Buda diz que "a vida é sofrimento, e aqui está a saída, o Caminho Óctuplo." Isto se refere ao sofrimento psicológico, à condição existencial do homem. Não lida com o sofrimento que é provocado pela injustiça. Tenho pensado muitas vezes que é preciso fazer uma distinção entre os dois. Para o sofrimento provocado pela injustiça, o remédio é a ação política; para o sofrimento psicológico, o remédio é o Caminho Óctuplo. Parece que nossa teologia da libertação, esses dois tipos de sofrimento estão unidos. Libertação é libertação de ambos.

DAVID: Sim, e por isso, no Vietnã, por exemplo, na época da guerra, os cristãos e os budistas que compreenderam esse fato se sentiram muito próximos uns dos outros. Nessa época, ela não era chamada de teologia da libertação, mas era semelhante. Lembro-me de Thich Nhat Hanh contando-me a respeito. Ele é um grande monge budista vietnamita, escritor, poeta e ativista da paz. Ele me contou que durante aqueles anos no Vietnã, ele e seus colaboradores freqüentemente se sentiam muito mais próximos dos padres cristãos e dos leigos que estavam trabalhando com eles como ativistas pela paz do que de outros budistas de seu próprio mosteiro.

FRITJOF: *Há*, portanto, uma conexão entre os dois tipos de libertação, a espiritual e a política?

DAVID: Definitivamente, há. Há uma conexão entre espiritualidade e *cada* dimensão da vida. Espiritualidade não é um departamento especial; é uma intensidade mais elevada do estado de viver. A medida de liberdade de alguém é uma medida desse estado. Uma vez que a vida é feita de uma só peça, o mais íntimo estado de viver de uma pessoa deve expressar-se nos aspectos externos desse estado; e a liberdade íntima de alguém, em liberdade política. Na medida em que você é libertado no seu coração, você é sensibilizado para a necessidade de libertação comunal, e se sente responsável por isso.

THOMAS: Lembremo-nos de que a teologia da libertação, atualmente, não está mais limitada à situação da América Latina; ela está aberta a uma ampla variedade de temas: Inter-religiosos, sexuais e ecológicos. O que permanece constante é um método teológico que, tipicamente, é o novo paradigma: o elemento da organização popular, a ênfase na pessoa humana como um todo, na superação das ambigüidades filosóficas da linguagem alma/corpo e no processo histórico. Em outras palavras, a teologia da libertação considera a revelação como o processo da presença salvadora de Deus na realidade concreta, humana e histórica; é uma teologia a respeito da criação de comunidades humanas reais de liberdade e de igualdade, animadas por uma forte e profunda esperança que aponta para a justiça tanto neste mundo como na eternidade do Reino de Deus.

DAVID: A teologia da libertação também supera a dicotomia entre pensamento e ação. Gandhi também realizou essa superação.

Autoridade e poder

FRITJOF: Entre todas as pessoas do mundo que trabalharam pela paz e pela mudança social, e o fizeram com base num fundamento espiritual, Gandhi é certamente um exemplo brilhante. A obra de Gandhi revela-nos de uma maneira dramática alguém que sabia como lidar com o poder sem ser corrompido por ele.

Na minha experiência, um dos grandes problemas enfrentados atualmente pelos movimentos populares, e pelos ativistas sociais que querem mudar as coisas no mundo, é o dilema do poder político. Esse dilema surge de várias maneiras. Deveríamos fazer acordos e negociações com pessoas ou com organizações dotadas de poder político, por exemplo com partidos políticos? Deveríamos, desse modo, assumir o poder? E como podemos fazê-lo sem que sejamos corrompidos? Sabemos que o poder corrompe.

Um outro aspecto é que as próprias organizações populares, na medida em que se tornam políticas, têm de lidar com o poder entre elas. Quase se poderia dizer que, por definição, a arena política é a arena do poder. Um aspecto fundamental da política é o da distribuição de poder.

Uma vez que sabemos que o poder corrompe e que há nele todos os tipos de efeitos colaterais negativos, e uma vez que também sabemos que Gandhi foi uma pessoa que soube lidar com o poder de uma maneira exemplar, e que foi uma pessoa profundamente espiritualizada, o que isso nos diz sobre a relação entre espiritualidade e poder? Eu acho que toda essa questão de espiritualidade e poder é extremamente importante.

DAVID: Eu gostaria de abordar esse assunto, mas em geral falo disso em termos de autoridade. Se examinamos a definição de autoridade, encontramos "poder para comandar". Então, você pergunta: "De onde vem esse poder para comandar? Quem o concedeu às autoridades?'' Isso o leva ao significado básico de autoridade; a saber, autoridade como ''uma base firme para saber e agir''. Essa definição é muito diferente da de ''poder para comandar''. Mas é a noção original de autoridade. Quando você está pesquisando, você não vai atrás de boatos, mas de uma base sólida para o conhecimento; desse modo, você procura um livro autorizado. Quando você está gravemente doente, procura um médico que é uma autoridade no campo especializado da medicina que tem relação com os seus problemas. Também usamos a palavra *autoridade* no sentido de uma base firme para o conhecimento e para a ação, mas quase nos esquecemos de que este é o seu significado original.

FRITJOF: Desse modo, como se passa do significado de autoridade como ''base firme de conhecimento e de ação'' para o significado de autoridade como ''poder para comandar''?

DAVID: Esse passo é relativamente fácil de entender, em particular numa pequena escala na sociedade. Pense, por exemplo, numa aldeia ou numa tribo dos tempos antigos. Uma pessoa que comprovasse possuir uma base confiável para o conhecimento e para a ação seria colocada numa posição de autoridade. Isso ainda acontece nas famílias. A figura da autoridade pode ser alguma tia sábia a quem todos recorrem quando têm perguntas a fazer. Ela é colocada numa posição de autoridade. Na sociedade nativa norte-americana, eles tinham os seus chefes de guerra. Quando havia uma emergência, eles procuravam por uma pessoa que, com freqüência, tivesse se mostrado uma fonte confiável de conhecimento e de ação, e faziam dessa pessoa um chefe. Mas quando a guerra terminava, quando a emergência tinha passado, essa pessoa voltava a ocupar seu posto anterior.

THOMAS: Este é um meio sensível de lidar com a autoridade; você também o encontra no começo da história do povo de Israel, depois do êxodo do Egito. O Livro dos Juízes fala de líderes carismáticos temporários, que convocavam as doze tribos para se reunirem em épocas de crise, e as enviavam para os campos de batalha. Um desses ''juízes'' era, na verdade, uma mulher, Deborah.

DAVID: No entanto, com maior freqüência, quando as pessoas obtêm poder para comandar, elas se estabelecem nesse poder e mantêm esse posto até muito tempo depois de deixarem de representar uma base firme para o conhecimento e para a ação. Esse é o momento decisivo da mudança da autoridade genuína para a autoridade autoritária. Falamos de alguém que é investido de autoridade. Investir significa colocar vestimentas. Aquele que é assim investido pode ou não ser uma fonte confiável para a ação ou para o conhecimento, mas em qualquer dos casos a vestimenta lhe dá poder para comandar.

Duas coisas têm de vir juntas para manter saudável a autoridade: força e responsabilidade. em outras palavras, aqueles que exercem o poder devem ser responsáveis pelo uso que fazem do poder. O autoritarismo surge quando as pessoas que se acham no poder deixam de ser responsáveis. A responsabilidade as obriga a responder aos que questionam a autoridade. Eles podem estar sendo tão oprimidos e tão explorados que não são capazes de dizer coisa alguma; não obstante, sua própria existência questiona a autoridade. O que é que estamos fazendo a esse respeito com o nosso próprio poder? É importante que nos lembremos de que cada um de nós exerce autoridade. Numa família, no lugar onde trabalhamos, entre nossos companheiros, cada um tem uma certa dose de autoridade.

FRITJOF: Portanto, não estamos realmente falando de alguma coisa que está lá fora – ''eles'', aqueles vilões, aquelas pessoas autoritárias. Estamos falando de nós mesmos.

DAVID: Sim. E aqui o assunto começa a ficar interessante para mim. A pergunta: ''Qual é a responsabilidade dos que exercem a autoridade?'' é endereçada a todos nós, embora de diferentes maneiras e em graus diferentes. Minha resposta é: os que exercem a autoridade deveriam usar seu poder para, por sua vez, conceder poder aos que estão sob a sua autoridade, capacitá-los a permanecer firmes sobre os seus próprios pés. A concessão de poder a alguém significa dar-lhe autoridade; e dar autoridade a alguém significa dar-lhe responsabilidade. É por isso que o covarde que há em cada um de nós não quer autoridade; simplesmente não queremos a responsabilidade que a acompanha. Esquivando-nos da nossa própria responsabilidade, tornamo-nos joguetes nas mãos dos autoritários.

FRITJOF: Esse processo de ter autoridade e de ter outras pessoas sujeitas à autoridade, e de ter de conceder-lhes poder como a única solução viável, está sempre conosco, e sempre esteve conosco na atividade de cuidar de nossos filhos e de criá-los. Quer gostem disso, quer não gostem, qualquer que seja a situação, os pais oferecem à pequena criança uma fonte confiável de ação e de conhecimento. Esse pequeno *script* é representado onde quer que alguma coisa esteja acontecendo; gradualmente, eles têm de ensinar os seus filhos a se manterem sobre ambos os pés. Dar a eles autoridade, ou melhor, conceder a eles poder para que possam lançar mão da autoridade que está dentro deles. O processo de educar os filhos em todo o mundo é o processo por cujo intermédio aprendemos essas coisas. Mas também aprendemos que a criança, desde muito cedo – e isso significa cada um de nós – quer o poder mas não quer a responsabilidade! É isso o que nos causa todos esses problemas relacionados com a autoridade.

DAVID: O que podemos fazer a esse respeito? O que podemos fazer com a nossa boa vontade de modo a não nos vendermos àqueles que estão no poder, pois isso é mais fácil do que assumir responsabilidade sobre nós mesmos? Eis o verdadeiro problema.

THOMAS: Basta observar como são poucas as pessoas que assumem a responsabilidade e vão até as urnas neste país. Uma coisa tão simples de se fazer.

DAVID: E a maioria das que não vão votar reclama das autoridades. Essas pessoas estão a tal ponto insatisfeitas com os candidatos que nem se preocupam em votar. Não importa quem vença; qualquer um será tão bom quanto o outro.

THOMAS: De preferência, elas dizem que um seria tão ruim quanto o outro e, portanto, que não há motivo para votar. Porém, numa democracia, a verdadeira razão para votar não está tanto no fato de escolher este ou aquele candidato, mas sim, no fato de poder expressar suas convicções e de juntar o seu voto ao de outras pessoas com quem compartilham essas convicções.

DAVID: Sim, é dessa maneira que numa democracia você exerce responsavelmente a sua autoridade.

Com relação à autoridade, nossa sociedade tem um ponto cego. Em sua maioria, as pessoas simplesmente não acreditam que o ser humano se curve, contente, à autoridade. Nossa sociedade acredita que cada pessoa, em seu âmago, é na verdade um rebelde, a menos que você a mantenha sob controle. Os pais sempre tratam os filhos como se eles fossem rebeldes em potencial. Mas a criança não é um rebelde; ela é apenas um pouquinho ingovernável; a criança quer poder. Mas o verdadeiro problema não é que a criança quer poder; o verdadeiro problema é que a criança não quer arcar com a responsabilidade. Basta lembrar a você as experiências que Stanley Milgran fez em Yale. Ele mostrou que grande número de pessoas comuns estavam prontas para cometer violência quando eram solicitadas a agir por uma figura de autoridade. Penso que a razão desse resultado chocante está no fato de que as pessoas prefeririam ser isentas de poder do que se levantarem para assumir suas responsabilidades.

FRITJOF: Então, o que podemos fazer a esse respeito?

DAVID: Aqui, é útil perguntar: "Como Jesus ensinava antes que a Igreja começasse a ensinar *sobre* Jesus?" Os historiadores em geral concordam com o fato de que ele ensinava com autoridade e que concedia poder aos seus ouvintes. Ele concedia poder às pessoas simples. Elas diziam – e isso é mencionado várias vezes nos Evangelhos – "Este homem fala com autoridade." A seguir, acrescentavam: "Não, porém, como as nossas autoridades." Essa compaixão deixou-o em apuros. Quando alguém fala ao seu coração e diz coisas que você sempre soube, mas nunca ousou colocar em palavras, você diz: "Oh, esta pessoa realmente fala com autoridade." E é isso o que elas diziam a respeito de Jesus. Ele as autorizava a confiar na sua percepção religiosa mais íntima. Ele fez com que se lembrassem do Deus que eles conheciam no íntimo dos seus corações: Deus como um pai amoroso, como uma ave que reúne os filhotes debaixo de suas asas. Ele mostrou a elas o que elas sempre conheceram no mais íntimo de seus corações: que Deus ama a cada um de nós como se fôssemos o único, e como se todos nós fôssemos uma única, imensa família. Jesus fez amigos entre os proscritos e deu-lhes o sentido de pertencer. Ele fez curas, não ao dizer: "Zap, você está curado", mas ao lhes dar confiança no divino poder da cura que há dentro deles: "Sua fé – sua confiança – os curou!" Ele não dizia: "Zap, seus pecados estão perdoados", mas ele fazia com que eles se lembrassem daquilo que seus corações sabiam: que o amor de Deus perdoou-lhes os pecados antes que eles tivessem pecado. Mas alguém que fortalece o auto-respeito das pessoas comuns é um espinho para os que se mantêm no poder derrubando os outros.

Para a pessoa que crê, uma das mudanças importantes no novo pensamento da teologia é que ela confere todo o peso à experiência pessoal do divino. Cada ensinamento precisa estar ligado à percepção religiosa da pessoa. Antigamente, era a partir de fora e a partir de cima que as verdades religiosas eram oferecidas a você.

A pergunta que se faz a um adulto de batismo é: "O que você pede da Igreja?" Esta é a questão crucial, e a resposta é: "Fé." No pensamento do velho paradigma, isso significa: "Dê-me todas as verdades da fé. Dê-me todo o conjunto." Na nova compreensão, significa o seguinte: "Dê-me apoio na minha exploração confiante de Deus." São duas atitudes completamente diferentes. No momento em que você faz essa mudança, você reconhece que a função da autoridade religiosa é a concessão de poder da divina autoridade a todos aqueles que estão sob autoridade.

FRITJOF: Isso nos mostra que poder e autoridade estão muito intimamente ligados. Por exemplo, pensemos num médico. No velho paradigma, o médico é a autoridade com relação à saúde do paciente. O médico tem o poder de decidir se você é sadio ou não, e tem o poder de decidir o que fazer com você caso você não seja sadio. Assim ele lhe dirá: "Você precisa de uma operação." OK, e então você vai e faz essa operação. Ou: "Você precisa tomar tais e tais remédios," e você passa a tomar esses remédios.

DAVID: Isso ainda é predominante.

FRITJOF: No novo paradigma, o médico atua muito mais como um conselheiro e como um assistente em relação ao processo da cura, que é, na verdade, organizado pelo próprio paciente. A responsabilidade da pessoa pela sua saúde é muito maior. Desse modo, poder e responsabilidade realmente caminham juntos, não caminham?

Poder e responsabilidade

FRITJOF: Para mim, o questionamento da autoridade foi o fio comum que percorreu a tessitura da maioria dos movimentos da década de 60. Você tinha estudantes questionando a autoridade de seus professores e da administração da universidade. No movimento pelos Direitos Civis, você tinha negros questionando a autoridade dos brancos. No movimento das mulheres, eles questionavam a autoridade dos homens. Na primavera de Praga, os checos questionavam a autoridade dos soviéticos. Você tinha pacientes questionando a autoridade de seus terapeutas. Existe algo semelhante a isso em teologia?

DAVID: Existe, e bastante. A teologia sempre fez perguntas. Porém, elas eram feitas no âmbito de um certo arcabouço e esse arcabouço era inquestionável. Mas agora ele está sendo questionado. Por exemplo, antigamente, discutíamos a revelação indagando o significado de uma doutrina em particular, mas agora você pergunta se a revelação é um conjunto de doutrinas ou se é algo mais. Você, de repente, está saindo do arcabouço que se costumava aceitar como certo.

FRITJOF: Em outras palavras, você está questionando o paradigma. Com a noção toda do que é um paradigma surge o fato de que você pode questionar o contexto. O contexto não é algo absoluto; é condicionado cultural e historicamente. E quando se questiona o paradigma, também se questiona a autoridade, você não pensa assim?

DAVID: Sim, pelo menos quando as autoridades insistem num dado paradigma.

FRITJOF: Quando o paradigma está incorporado nas instituições sociais. Questionando o paradigma, você questiona as instituições sociais.

DAVID: Você questiona tudo, radicalmente, embora com reverência ou com respeito. O paradigma, nesse contexto, é o arcabouço inquestionável para o seu modo de ver para as coisas. Mas estas palavras: "radicalmente, embora como reverência ou com respeito" são de importância crítica. E não é fácil suportar a tensão entre as duas atitudes quando questionamos a autoridade. É importante respeitar as antigas verdades, as antigas formulações sobre a verdade, os antigos paradigmas, mesmo depois que os deixamos para trás. Com freqüência, tudo isso nos traz evidências obtidas a duras penas, e podem corrigir pontos cegos, lacunas, concepções errôneas e limitações da nossa atual perspectiva. Os profetas hebreus lançavam mão da antiga Tora para desafiar as autoridades da sua época. Os cristãos primitivos utilizavam as afirmações dos profetas junto com as de Jesus para desafiar as autoridades de sua época. Nós, por nossa vez, utilizamos suas palavras para desafiar a Igreja de hoje.

THOMAS: Poderíamos dizer, então, que devemos questionar não apenas aqueles que estão em posições de responsabilidade mas também a nós mesmos, para trazer à tona a nossa própria resposta e nosso senso de responsabilidade?

DAVID: Sim, realmente. O termo *responsabilidade* implica o fato de que aqueles a quem confiamos o poder devem, quando questionados, responder pelo uso desse poder. Isso também implica que devemos fazer uso do nosso direito para questioná-los.

FRITJOF: Ora, na política do velho paradigma, você diz que o governo é responsável por isso e por aquilo e, portanto, que ele tem o poder de decidir o que fazer com o dinheiro dos impostos. Por exemplo, o governo é responsável pela nossa segurança, e tem o poder de decidir que tipo de armas devemos ter. Não se pergunta se a segurança poderia significar algo totalmente diferente. Com base no ponto de vista teológico e religioso, como você falaria a respeito de responsabilidade?

DAVID: Isto é algo que tem sido elaborado com muito cuidado no ensinamento da Igreja. O termo técnico para o princípio subjacente é *subsidiariedade*. Na linguagem do dia-a-dia, isso significa tomada de decisão popular. A essência do princípio da subsidiariedade é que qualquer decisão que possa se tomada num nível inferior deve ser tomada nesse nível, e só se deve recorrer ao próximo nível de autoridade mais elevado se o nível inferior não puder lidar com ele adequadamente.

THOMAS: Você poderia dizer que esse princípio, embora arraigado no Novo Testamento, só se tornou explícito em épocas relativamente recentes. Tudo teve início com as assim chamadas encíclicas sociais, começando com a *Rerum Novarum*, do papa Leão XIII, no final do século XIX, na qual o princípio da subsidiariedade foi aplicado à sociedade secular, embora não o fosse às próprias estruturas da Igreja, concebidas como uma pirâmide na qual tudo parte do topo para baixo. A exceção foi e continua sendo a Ordem Beneditina.

DAVID: Nós, benetidinos, temos orgulho disso. No entanto, uma das dificuldades em aplicar o princípio da subsidiariedade é que as autoridades inferiores são, com freqüência, tão medrosas que, de bom grado, transferem para o nível mais elevado de autoridade o poder que elas mesmas deveriam utilizar. Não podemos presumir que as pessoas estejam sempre tentando obter mais poder no nível local. Com freqüência, todas elas ficam muito contentes em desistir dele. Os bispos, por exemplo, muitas vezes consultam Roma nos casos em que Roma gostaria que eles decidissem por si próprios.

THOMAS: Isso é especialmente verdadeiro para a assim chamada Terceira Igreja na Ásia e na África. Embora o Concílio Vaticano II autorizasse plenamente a "aculturação" da pregação e do culto, sua adaptação aos estilos e aos costumes locais, a maioria dos bispos asiáticos e africanos hesitou em tomar quaisquer medidas concretas nesse sentido sem a aprovação explícita do Vaticano.

FRITJOF: Voltando agora à relação entre poder e espiritualidade, o que você acha da espiritualidade de Gandhi? Você concorda com o fato de que ele é um excelente exemplo de como lidar com o poder sem ser corrompido? Se for assim, o que podemos aprender com isso?

DAVID: Gandhi é reconhecido por muitos cristãos como uma figura semelhante à de Cristo. Ele fez o que Jesus mais tipicamente fazia, a saber, outorgou poderes a outros. Foi isso o que pôs Jesus em apuros, e também foi isso que pôs Gandhi em apuros.

FRITJOF: Sim, ambos foram assassinados.

DAVID: Em ambos os casos, as pessoas realmente não queriam o poder que lhes era oferecido; não até esse ponto. Algumas aceitaram, porém muitas outras disseram: "Estávamos muito melhor quando nos diziam o que fazer. Sob o domínio dos ingleses, tudo ia muito bem."

FRITJOF: Mas não foram essas pessoas que mataram Gandhi.

DAVID: É verdade. Se Jesus tivesse um séquito de pessoas suficientemente forte, que quisessem para si a outorga do poder, elas poderiam tê-lo protegido. Não conheço o caso de Gandhi. O que eu tanto admiro nele é o fato de que, à semelhança de Jesus, ele usou o seu poder para outorgar poder aos outros. De acordo com os Evangelhos, é esse o uso cristão do poder. O ato de lavar os pés de seus discípulos antes da Santa Ceia é um exemplo típico. Jesus disse: "Os poderosos deste mundo governam os seus súditos. Com vocês, deverá ser diferente. O mais poderoso deverá ser o servo de todos."

FRITJOF: Aqui, novamente, o poder caminha junto com a responsabilidade.

DAVID: Sem dúvida. Onde o poder está separado da responsabilidade, ele é corrompido. Quase poderia ser essa a maneira de descrever o que é o poder corrupto.

FRITJOF: Ora, todos nós sabemos que a responsabilidade é difícil. Quanto mais responsabilidade você tem, tanto mais árdua ela é. Por isso, uma pessoa responsável que acumula poder tentará, por sua vez, outorgar poder a outros, de modo a distribuir a responsabilidade, a descentralizar a responsabilidade, correto? Pois uma só pessoa não é capaz de manipular responsabilidade em excesso. Desse modo, se você acumula poder, há somente duas maneiras de exercê-lo. Uma delas é a de se agarrar a ele. Isso é não ser responsável, isso é poder corrupto, e, naturalmente, a maior parte do poder é desse tipo. Você ingressa no poder tendo em vista o próprio poder. Na outra maneira de exercer o poder, você diz: "Eu tenho poder demais, responsabilidade demais e preciso distribuí-los." E, assim, você usa o seu poder para outorgar poder a outros. E essa, como você diz, seria a maneira cristã de usar o poder para dar poder a outros.

DAVID: Sim. Mas eu não diria que ela é exclusivamente cristã; é a maneira do senso comum. Se você me perguntasse qual tem sido a influência genuinamente cristã ao longo de dois mil anos, essa coisa nova graças a qual o cristianismo transformou o Mundo Ocidental é precisamente uma nova visão de poder. Isso provocou perturbações desde o início; criou mártires. Com freqüência, essa visão não tem sido apoiada pelas autoridades e pelas estruturas de poder da própria Igreja. Mas esse ideal tem sido passado adiante. É como freqüência apoiado por pessoas que não pertencem ao âmbito da Igreja, mas é reconhecível como algo que, na história de mente humana, remonta até Jesus. Com relação a isso, ele produziu um impacto que ainda está reverberando em nossa época.

FRITJOF: Nas minhas conferências e seminários, tenho usado muitas vezes a palavra *poder* em dois sentidos: poder como domínio sobre os outros e poder como influência sobre os outros. A influência é mais no sentido de outorga de poder, e o domínio é mais no sentido de poder corrupto. A maneira como isso está ligado à autoridade se expressa no fato de que a verdadeira autoridade, no sentido original do termo, seria alguém que personifica a confiança e a quem, por isso, é atribuída responsabilidade, certo?

DAVID: E o poder deveria ser outorgado na medida em que essa pessoa merece essa confiança. Mas, na sua maioria, as autoridades que detêm o poder tendem a permanecer dependuradas nele até muito tempo depois de terem merecido a confiança.

FRITJOF: E o papel da autoridade consiste realmente em difundir o conhecimento, de modo que as pessoas possam ajudar a si mesmas e não precisem, para isso, de contar com outros.

DAVID: Sim, é a isso que me refiro quando digo que a autoridade é concedida para que, por sua vez, haja outorga de poder àqueles que estão sujeitos à autoridade. Em última análise, mesmo quando reconhecemos uma autoridade religiosa fora de nós, fazemos isso com base na força da autoridade divina, da suprema autoridade que vivenciamos no nosso âmago.

FRITJOF: A outra maneira pela qual isso é qualificado como pensamento do novo paradigma deve-se ao fato de que se trata de uma noção dinâmica. No velho paradigma, o poder é estático. Você tem uma hierarquia rígida, tem dominação, por parte do nível do topo, de todos os outros níveis que estão abaixo dele. Mas se você vê o poder como um fluxo constante para fora, dirigido no sentido de outorgar poder a outros e de fortalecer a autoridade deles, esse é um processo dinâmico.

DAVID: Isso é muito bom. E, naturalmente, também devemos incluir aí o trabalho de rede efetuado por autoridades entre diferentes indivíduos e entre grupos de indivíduos não apenas verticalmente, mas horizontalmente também. Basta pensar no trabalho de rede efetuado pelos computadores como uma expansão de poder, de acesso, de entrada de dados, e assim por diante, nos negócios, nas academias, na vida pessoal.

FRITJOF: É por isso que eu digo que a estrutura ideal para o poder como influência é a rede. Você consegue um retorno não na hierarquia, mas na rede.

THOMAS: A tradição católica tem uma base teológica para esse tipo de estrutura: o princípio do colegiado, no qual o papa e os bispos, o clero e os leigos atuam organicamente, como um corpo vivo, com funções distintas mas interdependentes atribuídas aos vários membros. Mesmo a atitude do papa de barrar aos padres sua vinculação a partidos políticos e sua corrida por posições oficiais pode ser entendida como uma afirmação de colegiado; a responsabilidade direta pelo domínio secular pertence aos leigos. Eles são os únicos que deveriam traduzir ideais cristãos em ação política. O movimento Solidariedade, na Polônia, é um exemplo óbvio, embora, pessoalmente, eu sinta mais admiração por alguém como Václav Havel, na Checoslováquia.

Federalismo mundial

DAVID: Com sua afirmação, Thomas, voltamos ao princípio da subsidiariedade. Numa sociedade sadia, as decisões deveriam ser tomadas no nível mais baixo possível. A autoridade mais elevada deveria entrar em ação apenas quando isso fosse necessário, mas, nesse caso, ela deveria fazê-lo efetivamente. No dias de hoje, a mais alta autoridade política é investida nos governos nacionais. Ainda não temos nenhuma autoridade com o poder e com a responsabilidade para lidar com problemas globais. Ainda não temos uma autoridade global. Onde mais nos aproximamos disso são as Nações Unidas, mas essa organização não dispõe do poder necessário. No entanto, mesmo com o poder limitado que as Nações Unidas possuem, esta organização já obteve grandes conquistas.

FRITJOF: Penso que as Nações Unidas são um bom exemplo. Não têm poder no sentido de dominação e de coerção de outros, mas têm bastante poder e bastante autoridade no sentido de outorgar poder. Ela exerce essa autoridade mantendo agências de serviço, como a UNICEF e forças conservadoras da paz, e um fórum no qual as nações podem se encontrar. Atualmente, a maior importância das Nações Unidas é a de constituir um fórum para organizações não-governamentais.

DAVID: As Nações Unidas fazem muitas coisas extremamente úteis, porém não são capazes de fazer aquilo de que necessitamos hoje no nosso mundo porque operam segundo o princípio de uma liga. Numa liga, os membros não estão compromissados uns com os outros. Eles podem apertar o passo e seguir o seu próprio caminho. Numa federação, os estados membros submetem-se a uma autoridade superior nas áreas nas quais essa autoridade é realmente necessária, e, uma vez que é necessária, eles não podem se privar dela.

FRITJOF: Deixe-me dizer a você de que maneira eu vejo isso. Tenho ouvido falar, com bastante freqüência, sobre essa idéia de uma federação mundial ou de um governo mundial.

DAVID: Seja cuidadoso para não chamá-la de governo, pois isso faz com que surjam espectros do autoritarismo.

FRITJOF: Mas eu quero falar sobre governo mundial justamente para fazer com que esse espectro venha à tona. É importante ser claro com relação a isso. O que você não quer é um governo centralizado. Não queremos isso nem mesmo dentro das nações, pois a centralização é um dos principais obstáculos da atualidade. Portanto, queremos que os estados nacionais se submetam a dois tipos de desenvolvimento. Um deles consiste em descentralizar o poder e a atividade econômica, descentralizar o processo de tomada de decisões, tanto quanto possível, dentro do estado. O outro consiste em se engajar internacionalmente num processo de cooperação muito mais substancial com outros estados. Se você acompanhar esses dois desenvolvimentos, obterá uma federação global na qual as decisões descentralizadas são coordenadas. O papel dessa federação seria o de coordenar, e não o de impor a sua vontade.

THOMAS: Penso que o que precisa ser criado é um fórum efetivo, encarregado de manter muitos níveis de ligação, de trabalho de rede e de comunicação entre corporações governamentais e não-governamentais, bem como entre as regiões dentro de estados-nações maiores.

FRITJOF: Com relação a isso, é fascinante para mim observar os desenvolvimentos na Europa Ocidental e na Oriental, que parecem caminhar em sentidos opostos. No Ocidente, as nações européias estão dizendo: "Somos demasiado independentes. Precisamos ser mais interdependentes", e no Oriente eles estão dizendo: "Somos muito dependentes de Moscou. Precisamos ser mais independentes." Posso muito bem imaginar um cenário onde os países do bloco oriental tornar-se-ão cada vez mais independentes, e os países do bloco ocidental tornar-se-ão cada vez mais interdependentes. Uma vez que tenham alcançado o mesmo nível de interdependência, poderão simplesmente abandonar as diferenças entre Oriental e Ocidental e se unir, passando a ser uma comunidade única de países interdependentes.

DAVID: A partir de um certo ponto, o aumento de interdependência é a base para uma independência cada vez maior. Há uma possibilidade de maior variedade. A possibilidade para o pluralismo aumenta com a unificação.

THOMAS: Exatamente. Pode-se notar que certos problemas internos dentro de estados-nações europeus – estou pensando em particular no conflito entre o governo francês e o movimento pela autonomia sobre a ilha mediterrânea da Córsega – só podem ser resolvidos por meio desse nível superior de integração.

FRITJOF: Ou então os problemas da Iugoslávia, o desejo basco pela independência com relação à Espanha e à França, os problemas bálticos para os soviéticos, e assim por diante.

DAVID: Eu gostaria muito de encontrar meios graças aos quais poder-se-ia alertar aquele grande número de pessoas de boa vontade para a necessidade de trabalhar nesse sentido, no sentido da autoridade mundial, do federalismo mundial corretamente entendido.

FRITJOF: Penso que há uma percepção cada vez maior, embora as pessoas usualmente não chamem isso de federalismo mundial. Elas estão falando a respeito da resolução de problemas globais com a ajuda de agências globais.

DAVID: Isso é provavelmente melhor ainda. Mas precisamos de agências globais com autoridade.

FRITJOF: E eu diria que eles não precisam ser poderosos no primeiro sentido de poder que examinamos, possuindo autoridade no sentido do velho paradigma. Por exemplo, a Anistia Internacional é uma organização muito poderosa, e não domina ninguém; apenas influencia pessoas.

THOMAS: Eu gostaria de acrescentar que o termo *interdependência* foi adotado há bem pouco tempo pelo papa João Paulo II. E, eu acrescentaria, a Santa Sé tem estado na memória do público durante décadas como uma organização que sustenta uma autoridade mundial comum, que garantiria que a guerra não mais seria deflagrada entre as nações. Este é um ponto onde a posição do Vaticano passou à frente de outros grupos religiosos, e até mesmo da de muitos católicos conservadores, especialmente na América do Norte.

DAVID: E aqui estamos, num ponto em que João Paulo II e Gorbachev compartilham dos mesmos objetivos.

THOMAS: A coincidência de suas linguagens é uma indicação esmagadora de que cada um lê o outro.

O novo pensamento de Mikhail Gorbachev

FRITJOF: Deixe-me acrescentar algo a respeito de Gorbachev, uma vez que você mencionou-lhe o nome. Quando Gorbachev deu início ao movimento da *perestroika*, os soviéticos tornaram-se aguçadamente cientes de que a meta de reestruturação da economia soviética não consistiria em mudar de uma economia controlada para uma economia livre, porque isso de economia livre não existe. Não há mercados livres. Portanto, para a União Soviética atual, a questão não está na mudança de uma economia controlada para uma economia de livre mercado, mas de um tipo de regulamentação para outro tipo de regulamentação. Todas as economias são regulamentadas, em grande medida por restrições culturais. O modelo japonês de capitalismo é muito diferente do modelo sueco, muito diferente do modelo norte-americano, muito diferente do modelo alemão, e assim por diante. Portanto, os soviéticos estão hoje empenhados numa ampla atividade de exploração à procura do tipo de regulamentação que eles deveriam usar.

Surge agora o ponto interessante. Gorbachev compreendeu, por volta de 1988, que quando eles falavam em mudar de um tipo de regulamentação para outro tipo de regulamentação, eles queriam uma regulamentação por cujo intermédio as pessoas pudessem concordar em fazer certas coisas e em não fazer outras. Para reforçar esse tipo de regulamentação, você precisa de normas culturais; você precisa de princípios éticos; você precisa de um senso de comportamento moral. Foi quando Gorbachev partiu para a *perestroika* no sentido mais amplo, como uma reeducação cultural.

Também descobri na minha recente viagem à União Soviética um aspecto da *perestroika* que é muito mais diretamente relevante para esta nossa conversa. Gorbachev combina seus esforços políticos, na medida em que lidera o movimento da *perestroika*, com uma linguagem que está muito próxima de nossa linguagem. Muitos dos termos que estivemos utilizando ao longo desta conversa são termos que ele utiliza em seus discursos. Nos últimos dois anos, estive interessado em explorar as raízes da linguagem de Gorbachev. Como ele se familiarizou com essa linguagem? É uma linguagem filosófica e científica que ele deve ter desenvolvido em cooperação com outros. O que eu descobri é que esse "novo pensamento", como ele o chama, tem suas origens na década de 70. Durante essa época, havia um grupo disperso de filósofos e de cientistas que exploraram aquilo que chamaríamos de mudança de paradigma. Eles fizeram isso numa série de artigos e de discussões de mesa redonda publicados num periódico filosófico muito conhecido, chamado Questões de Filosofia. O editor desse periódico, durante a década de 70, era um filósofo chamado Ivan Frolov, que se tornou o editor-chefe do *Pravda* sob o governo de Gorbachev, um conselheiro muito próximo de Gorbachev.

Essas explorações do novo pensamento na década de 70 estavam particularmente inclinadas a explorar as relações entre ciência, filosofia, religião e arte. Em outras palavras, faziam mais ou menos aquilo que estivemos fazendo aqui, nesta nossa conversa. O que isso significa para mim é o fato de que o novo pensamento de Gorbachev constitui realmente parte de um único movimento, do qual também somos parte.

Portanto, diálogos semelhantes a este em que estivemos empenhados até agora, e que são transcritos neste livro, também ocorreram na União Soviética na década de 70, na época em que as idéias sobre que estivemos falando iam sendo igualmente elaboradas aqui. Para expressá-lo de uma maneira extrema, você poderia dizer que foram esses tipos de conversa que, em última análise, derrubaram o Muro de Berlim. Esses tipos de conversa influenciaram o pensamento de Gorbachev, que representou uma das principais influências nas mudanças políticas que ocorreram na Europa Central e que derrubaram o Muro de Berlim. Portanto, há um elo direto entre os assuntos sobre os quais estivemos conversando aqui e as recentes e dramáticas mudanças na paisagem política da Europa.

DAVID: E eu penso nos muitos muros invisíveis que ainda precisam ser derrubados. Talvez nossas conversas contribuam de algum modo para derrubá-los.

Bibliografia

Nota: A bibliografia restringe-se a obras mencionadas no texto.

Ashvagosha. *The Awakening of Faith*. Traduzido por D. T. Suzuki. Chicago: Open Court, 1900.

Capra, Fritjof. *The Tao of Physics*. Boston: Shambhala, 1975; terceira edição atualizada, 1991. [*O Tao da Física*, Editora Cultrix, São Paulo, 1988.]

Capra, Fritjof. *The Turning Point*. Nova York: Simon & Schuster, 1982. [*O Ponto de Mutação*, Editora Cultrix, São Paulo, 1986.]

Dulles, Avery. *Models of the Church*. Nova York: Doubleday, 1982.

Gutierrez, Gustavo. *A Theology of Liberation*. Maryknoll, NY: Orbis Books, 1988.

Hawking, Stephen. *A Brief History of Time*. Nova York: Bantam, 1962. [*Uma Breve História do Tempo*, Editora Hemus, São Paulo.]

Heisenberg, Werner. *Physics and Philosophy*. Nova York: Harper & Row, 1962.

Kuhn, Thomas. *The Structure of Scientific Revolutions*. Chicago: University of Chicago Press, 1962. [*A Estrutura das Revoluções Científicas*, Editora Perspectiva, coleção Debates, São Paulo.]

Lopez, Donald S., e Steven C. Rockefeller (orgs.). *Christ and the Bodhisattva*. Albany: State University of New York Press, 1987.

Maturana, Humberto R., e Francisco J. Varela. *The Tree of Knowledge*. Boston: Shambhala, 1987.

Índice

O PONTO DE MUTAÇÃO

Fritjof Capra

Em *O Tao da Física*, Fritjof Capra desafiou a sabedoria convencional ao demonstrar os surpreendentes paralelos existentes entre as mais antigas tradições místicas e as descobertas da Física do século XX. Agora, em *O Ponto de Mutação*, ele mostra como a revolução da Física moderna prenuncia uma revolução iminente em todas as ciências e uma transformação da nossa visão do mundo e dos nossos valores.

Com uma aguda crítica ao pensamento cartesiano na Biologia, na Medicina, na Psicologia e na Economia, Capra explica como a nossa abordagem, limitada aos problemas orgânicos, nos levou a um impasse perigoso, ao mesmo tempo em que antevê boas perspectivas para o futuro e traz uma nova visão da realidade, que envolve mudanças radicais em nossos pensamentos, percepções e valores.

Essa nova visão inclui novos conceitos de espaço, de tempo e de matéria, desenvolvidos pela Física subatômica; a visão de sistemas emergentes de vida, de mente, de consciência e de evolução; a correspondente abordagem holística da Saúde e da Medicina; a integração entre as abordagens ocidental e oriental da Psicologia e da Psicoterapia; uma nova estrutura conceitual para a Economia e a Tecnologia; e uma perspectiva ecológica e feminista.

Citando o *I Ching* — "*Depois de uma época de decadência chega o ponto de mutação*" — Capra argumenta que os movimentos sociais dos anos 60 e 70 representam uma nova cultura em ascensão, destinada a substituir nossas rígidas instituições e suas tecnologias obsoletas. Ao delinear pormenorizadamente, pela primeira vez, uma nova visão da realidade, ele espera dotar os vários movimentos com uma estrutura conceitual comum, de modo a permitir que eles fluam conjuntamente para formar uma força poderosa de mudança social.

EDITORA CULTRIX

O TAO DA FÍSICA

Um Paralelo Entre a Física Moderna e o Misticismo Oriental

Fritjof Capra

Este livro analisa as semelhanças — notadas recentemente, mas ainda não discutidas em toda a sua profundidade — entre os conceitos subjacentes à física moderna e as idéias básicas do misticismo oriental. Com base em gráficos e em fotografias, o autor explica de maneira concisa as teorias da física atômica e subatômica, a teoria da relatividade e a astrofísica, de modo a incluir as mais recentes pesquisas, e relata a visão de um mundo que emerge dessas teorias para as tradições místicas do Hinduísmo, do Budismo, do Taoísmo, do Zen e do I Ching.

O autor, que é pesquisador e conferencista experiente, tem o dom notável de explicar os conceitos da física em linguagem acessível aos leigos. Ele transporta o leitor, numa viagem fascinante, ao mundo dos átomos e de seus componentes, obrigando-o quase a se interessar pelo que está lendo. De seu texto, surge o quadro do mundo material não como uma máquina composta de uma infinidade de objetos, mas como um todo harmonioso e "orgânico", cujas partes são determinadas pelas suas correlações. O universo físico moderno, bem como a mística oriental, estão envolvidos numa contínua dança cósmica, formando um sistema de componentes inseparáveis, correlacionados e em constante movimento, do qual o observador é parte integrante. Tal sistema reflete a realidade do mundo da percepção sensorial, que envolve espaços de dimensões mais elevadas e transcende a linguagem corrente e o raciocínio lógico.

Desde que obteve seu doutorado em física, na Universidade de Viena, em 1966, Fritjof Capra vem realizando pesquisas teóricas sobre física de alta energia em várias Universidades, como as de Paris, Califórnia, Santa Cruz, Stanford, e no Imperial College, de Londres. Além de seus escritos sobre pesquisa técnica, escreveu vários artigos sobre as relações da física moderna com o misticismo oriental e realizou inúmeras palestras sobre o assunto, na Inglaterra e nos Estados Unidos. Atualmente, leciona na Universidade da Califórnia, em Berkeley.

A presente edição vem acrescida de um novo capítulo do autor sobre a física subatômica, em reforço às idéias por ele defendidas neste livro.

EDITORA CULTRIX

SABEDORIA INCOMUM

FRITJOF CAPRA

SOBRE O AUTOR

Fritjof Capra recebeu seu Doutorado da Universidade de Viena e tem realizado pesquisas sobre física de alta energia em várias universidades americanas e européias. Além de seus vários artigos sobre pesquisa técnica, tem escrito e lecionado extensivamente sobre as implicações filosóficas da ciência moderna.

É o autor de *O Tao da Física* e de *O Ponto de Mutação* e fundador do Instituto Elmwood (P.O. Box 5805, Berkeley, CA 94705), uma organização internacional dedicada a ensinamentos sobre novas visões ecológicas e sua aplicação nos problemas sociais, econômicos e ambientais da atualidade.

EDITORA CULTRIX

DIÁLOGOS COM CIENTISTAS E SÁBIOS

Renée Weber

À medida que se desenvolveu intelectualmente e progrediu nas conquistas materiais, o homem também se desintegrou e isolou, agindo como se tudo o mais dentro do universo existisse em função dele. Aos poucos, ele foi percebendo que é fundamental para a sua realização o reencontro com a natureza, a *busca da unidade,* da harmonia e da integração de si mesmo com o universo.

Em *Diálogos com Cientistas e Sábios,* Renée Weber, cuja preocupação com o todo "está nos ossos e no sangue", procura exatamente a unidade das coisas — homem e natureza, consciência e matéria, interior e exterior, sujeito e objeto — na certeza de que eles se conciliam. Foi ao encontro de sábios e cientistas que estão no âmago do interesse pela realidade última: na Universidade de Cambridge, ouviu o astrofísico Stephen Hawking, de inteligência desconcertante e avesso ao misticismo; na agitada Nova York, esteve com Ilya Prigogine, Prêmio Nobel de química; encontrou-se com frei Beda Griffiths, beneditino que vive há mais de trinta anos na Índia, onde alcançou rara integração entre corpo, mente e espírito e onde prega o ecumenismo. Conversou ainda com Krishnamurti, com o Dalai Lama, com o Lama Govinda e com Rupert Sheldrake, de idéias revolucionárias no campo da biologia; e, principalmente, com David Bohm, físico famosíssimo, em especial no campo da mecânica quântica.

Diálogos com Cientistas e Sábios aproxima a ciência, a mística e a filosofia, acreditando que o indivíduo é "um microcosmo do universo e, portanto, chave para a compreensão do próprio universo". Valendo-se de métodos qualitativos (mística) e quantitativos (ciência), sábios e cientistas procuram a reunificação do homem e da natureza e nos oferecem sua visão do espaço, do tempo, da matéria, da energia, da vida, da consciência, da criação e do lugar que ocupamos na economia das coisas. Como se fosse uma moldura ao pensamento dos entrevistados, fornece-nos ainda a autora referências elucidativas de suas personalidades incomuns.

EDITORA CULTRIX

O PARADIGMA HOLOGRÁFICO

e outros paradoxos

Ken Wilber (org.)

Cientistas e pensadores proeminentes apresentam neste livro, em linguagem acessível, as últimas descobertas no campo da ciência e as teorias que buscam demonstrar uma extraordinária semelhança entre as grandes tradições místicas do Oriente e do Ocidente e o pensamento científico moderno. As várias correntes de investigação aqui representadas levam o leitor a uma ampla compreensão do "novo Paradigma Holográfico". De modo caloroso e vital, são aqui apresentadas e debatidas as muitas interpretações das novas pesquisas através de seus mais significativos representantes.

* * *

Organizado e prefaciado por Ken Wilber, os capítulos deste livro são assinados por alguns dos mais conhecidos cientistas e pensadores da atualidade, tais como Marilyn Ferguson, Karl H. Pribram, Renée Weber, Ken Dychtwald, Fritjof Capra, Sam Keen, Kenneth R. Pelletier, Bob Samples, Stanley Krippner, John Shimotsu, John Welwood, Itzhak Bentov, Irwin Thompson, Willis Harman, William A. Tiler, John R. Batista e Leonard J. Duhl.

"A superteoria holográfica afirma que nossos cérebros constroem a realidade concreta interpretando freqüências vindas de uma dimensão que transcende o tempo e o espaço. O cérebro é um holograma que interpreta um universo holográfico."

MARILYN FERGUSON

"A verdadeira condição do mundo material é a totalidade. Se nos fragmentamos, a culpa é toda nossa."

DAVID BOHM

"A relatividade e, o que é ainda mais importante, a mecânica quântica sugeriram com bastante vigor (embora não o tenham provado) que o mundo não pode ser analisado em partes que existem de modo separado e independente. Além disso, cada parte, de certa forma, envolve todas as outras, contendo-as ou dobrando-as dentro de si. Esse fato sugere que a esfera comum da vida material e a esfera da experiência mística partilham de uma certa ordem e que isso permitirá um relacionamento proveitoso entre elas."

DAVID BOHM

"Os físicos exploram os níveis da matéria; os místicos exploram o nível da mente. O que eles têm em comum em suas explorações é que esses níveis, em ambos os casos, situam-se além da percepção sensorial ordinária."

FRITJOF CAPRA

"O paradoxo é simplesmente a maneira como o não-dualismo encara o nível mental. O Espírito, em si mesmo, não é paradoxal; ele não pode ser caracterizado de modo algum."

KEN WILBER

EDITORA CULTRIX

O NOVO PARADIGMA –
A Ciência à Procura da Verdadeira Luz

Walter de Sousa

Uma explosão imensurável desfez um pequeno bloco de matéria provocando o surgimento de uma infinidade de fragmentos, que passou os últimos 15 bilhões de anos se expandindo sem cessar. Somente em abril de 1992, uma equipe de cientistas do Laboratório Lawrence, na Califórnia, comandada por George F. Smoot, conseguiu boas provas de que o Universo inteiro havia surgido da explosão daquele ínfimo concentrado de matéria: o Big Bang.

Coincidência ou não, nesse meio tempo a humanidade repetiu esse feito físico fragmentando todo o seu conhecimento. O homem, que há muito se propôs a desvendar o Universo — desde o infinitamente pequeno até o assustadoramente imensurável —, fez da fragmentação do saber o seu porto seguro.

Todas as opiniões contrárias a esse racionalismo passaram a ser vistas como afrontas. A ciência se converteu, por assim dizer, em uma inusitada forma de religião. E, como tal, beira o momento de responder a um chamado interior. Chega a hora de retomar a totalidade das coisas, de montar de novo o quebra-cabeça espalhado pelo Big Bang.

Com isso, o homem começa a perceber que a luz que iluminava suas convicções era emanada pela fraca lamparina de sua própria ilusão. Soltando-se das correntes e caminhando pelos corredores úmidos e sombrios de sua caverna interior, ele se depara, enfim, com uma imensa luz, tão mais real do que aquela que ele julgava ser a definitiva.

O próprio George F. Smoot deu a dimensão dessa percepção quando anunciou sua descoberta sobre o Big Bang: "É uma experiência mística, como uma experiência religiosa." Sua conclusão testemunhava, definitivamente, a busca de um Novo Paradigma pela comunidade científica: "É como descobrir o mecanismo que impulsiona o Universo; e Deus não é isso?"

O Novo Paradigma — A Ciência à Procura da Verdadeira Luz é um livro que, de forma sintética e ao mesmo tempo abrangente, revela os novos caminhos que expandirão, cada vez mais, a consciência humana.

EDITORA CULTRIX

O ESPECTRO DA CONSCIÊNCIA

Ken Wilber

Este trabalho de Ken Wilber pode ser considerado a principal teorização no campo da Psicologia Transpessoal, numa abordagem que amplia as concepções sobre a consciência desenvolvidas pela psicologia ocidental.

Neste livro notável, o autor compara a consciência ao espectro eletromagnético. A partir dessa analogia, tal como qualquer radiação eletromagnética, a consciência é "una" e se manifesta por uma multiplicidade de aspectos, de níveis ou de faixas, que correspondem aos diferentes comprimentos das ondas eletromagnéticas.

Para o autor, o "espectro da consciência" implica a integração dos conhecimentos fragmentados das escolas psicológicas ocidentais com os principais elementos das tradições esotéricas, resultando numa visão holística da consciência.

Desta forma, enfoques aparentemente contraditórios das diferentes abordagens são considerados complementares, pois as diferenças entre eles preenchem as lacunas existentes, criando uma síntese que valoriza igualmente as visões de Freud, de Jung, de Maslow, de May e de outros psicólogos renomados, assim como as de grandes líderes espirituais, desde Buda até Krishnamurti.

MARCIA TABONE
Autora de *A Psicologia Transpessoal*

EDITORA CULTRIX